立春　雨水　惊蛰　春分　清明　谷雨

立夏　小满　芒种　夏至　小暑　大暑

立秋　处暑　白露　秋分　寒露　霜降

立冬　小雪　大雪　冬至　小寒　大寒

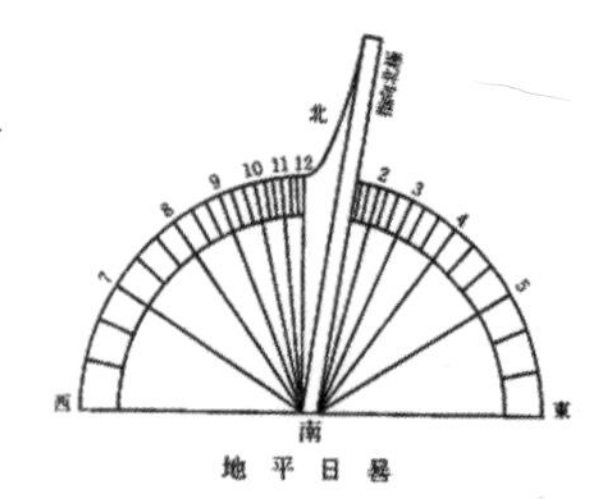

FOOTSTEPS OF THE SUN

江苏凤凰美术出版社

光阴 中国人的节气 · 申赋渔

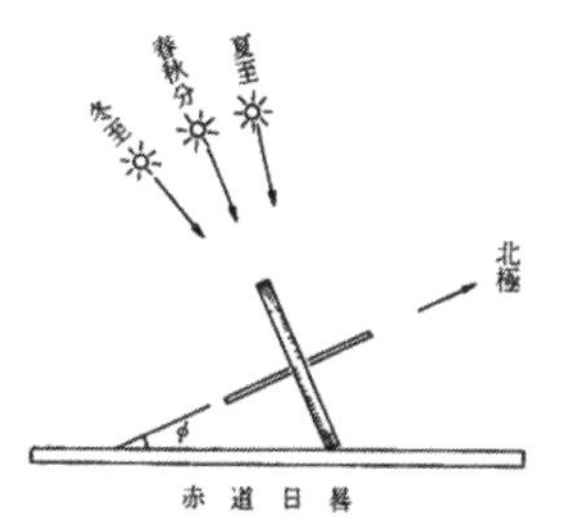

目

春

夏

秋

冬

录

春神句芒住在东郊的庙里，他掌管着春的气息以及整个一年的收成，他甚至还会给有福的人增加多年的寿命。

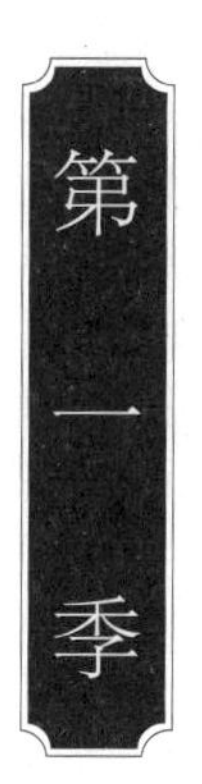

春·雨·惊·春·清·谷·天
夏·满·芒·夏·暑·相·连
秋·处·露·秋·寒·霜·降
冬·雪·雪·冬·小·大·寒

太阳到达黄经315°

每年阳历二月四日前后，太阳到达黄经315度，为立春。『立』是开始的意思，表示春天到了。立春十五天，分三候，五天一候。一候东风解冻，二候蛰虫始振，三候鱼陟负冰。自小寒至谷雨，八个节气，每节气三候，计二十四候，每候应一花信风。立春为：一候迎春，二候樱桃，三候望春。

最先感到春的气息的，是蛰伏在泥土里的小虫。然而它们并未醒来，只是懒懒地伸伸手脚，依然瞌睡着

宜春

立春 三天前，掌管天文的太史就向天子禀告：某日立春。天子于是沐浴斋戒，恭敬地等候春天的到来。

最先感到春的气息的，是蛰伏在泥土里的小虫。然而它们并未醒来，只是懒懒地伸伸手脚，依然瞌睡着。苏醒过来的，是枯黄了一冬的草木。草叶虽没有转青，草根已变得温润鲜嫩。枯直的树枝也已变得柔软而有弹性，如果折下一根细条，你便看得到它内芯的绿了。孩童们已经不去结冰的河上玩闹，因为东风过后，冰冻开始消融，而另一种热闹已搅得他们小小的心灵蠢动不安。

他们要去迎春了。春神句芒住在东郊的庙里，他掌管着春的气息以及整个一年的收成，他甚至还会给有福的人增加多年的寿命。他小小的庙宇在树木的深处，人迹罕至，在冬日将尽的时节，满山的树木像还没来得及点染的枯笔水墨画，显得颇为荒凉。然而整个春天将由此发动。

立春的前一天，寂静的郊外突然变得骚动起来。远处的村边小道上，一条长长的充满威仪的队伍逶迤而来。从那非同寻常的鼓

立春要迎春神、『打春』。『打春』就是打土牛。在鼓声中举起柳条，鞭打土牛。柳条长二十四寸，寓意一年的二十四节气。街边的小商小贩们吆喝着卖小泥牛。小牛站在彩纸和柳条装点的栏座上，四周还点缀了许多泥捏的百戏杂耍人物。孩子们的帽子上缝着用花布裹上棉花做成的春鸡。春鸡的嘴里叼着豆子，孩子几岁，便叼几粒。在他们的腰间，还佩带着绢制的春娃，寄托着妈妈对他成长的祝福。

乐声就可以听出，是天子前来迎春了。满天的青旗，掩映着天子和他身后的三公九卿，一路浩浩荡荡。

叩拜句芒神的礼仪庄严而隆重。在跪拜之后，天子高高举起酒爵，然后徐徐泼洒在句芒面前的地上，接着又是跪拜。礼罢，人们给句芒让出道路，乐工们高奏鼓乐，句芒在人们的簇拥下向都城进发。稳稳站立在壮汉们肩头木板上的句芒，人面鸟身，方脸，神色端庄，目视远方，仿佛随时都会展翅高飞。头顶上，青色的春幡迎风而舞。在他旁边站着的，是一头雄壮有力却又憨态可掬的泥牛。

句芒进城的路上，欢迎的人群挤满了道路的两旁。扮成春官的孩童，一路奔跑着，欢呼雀跃，边走边喊：春到了，春到了。于是一路的百姓也随之奔走相告：春天来了。

句芒从眼前过去，许多手持红蜡等候的人，便相互招呼着，交换手中的红蜡，交换彼此的财运和祝福。

第二天便是立春了。还在半夜的时候，便有走街串巷的小贩高喊着："赛过脆梨！"他们在叫卖萝卜。萝卜是立春日的人们必要吃的。叫"咬春"。

天大亮了，大人小孩，嘴里咬着萝卜，慢慢聚到了城门口。土牛还是那样，昂着头一动不动地站着哩。妈妈们抱着孩子在牛的周围转着圈，嘴里说：不生病，不生病。孩子们总要伸手去摸那好玩的土牛，可是土牛在庄严的仪式进行之前，是不能随便碰摸的。

主持"打春"仪式的，是每个地方的最高长官。他穿戴整齐，带着下属官员，在鼓声中举起柳条，鞭打土牛三下。柳条长二十四寸，寓意一年的二十四节气。之后，他把柳条交给下属和民众，让他们一路传下去，轮流鞭打。“噼啪”的鞭响，是春耕开始的信号。在这鞭打声中，土牛破碎了，泥土散落开来，露出藏在其中的小土牛。围观的人群一拥而上，你一把我一把，抢夺破碎了的土牛。牛角上的泥土洒在地里，能让土地丰收。牛身上的土放在家中，会使得今年养蚕兴旺。而牛眼的泥，据说放在药里调和了能医治眼病。即便随手捞到的一把泥土，洒在牛栏里，也能让自家的牛膘肥体壮。

年轻男子们哄抢着，头上簪满了春花的姑娘站在一旁掩嘴微笑，绢线编织的燕子、蝴蝶和春蛾在她们的头上随风颤动、翼然欲飞。

如果没有抢到土牛碎块的，并不气馁。街边的小商小贩们已经摆开了一排排的小泥牛。小牛站在彩纸和柳条装点的栏座上，四周还点缀了许多泥捏的百戏杂耍人物，不买一个，孩子们是绝不肯移动半步的。

事实上，妈妈们已经把好些美丽而好玩的东西装扮在孩子的身上了。在他们的帽子上就缝着一个用花布裹上棉花做成的春鸡。春鸡的嘴里叼着豆子，孩子几岁，便叼几粒。在他们的腰间，还佩带着绢制的春娃，寄托着妈妈对他成长的祝福。

回家了。大门上早已贴上了“宜春”二字，所有朝南的窗户上，也都贴上精致美丽的春花。父亲让孩子把抢到的泥牛的土去抹在自家耕牛的长角上，妈妈提醒父亲今天不要去河边挑水。

吃萝卜与不挑水，都是为了不犯春困。一年之计在于春，春天的每一天都不能偷懒。■

太阳到达黄经

330°

THE RAINS

雨水

每年阳历二月十九日前后，太阳到达黄经330度，为雨水。立春后，东风既解冻，则散而为雨矣。雨水：一候獭祭鱼，二候鸿雁来，三候草木萌动。花信风为：一候菜花，二候杏花，三候李花。

沾衣欲滴杏花雨。斜风吹着细雨，吹过河岸，吹过田间，吹过老屋前面的篱笆墙，一路过来，菜花、杏花、李花，次第开放

雨水

山坡上的积雪渐渐融化，蜿蜒曲折，沿河而下，水面上厚厚的冰层顷刻间土崩瓦解，鱼儿们在碎冰的缝隙间挤来挤去，像是背负着冰块在嬉闹。

獭伸了个懒腰，从树根的洞里走了出来。先是在河岸上张望着，突然蹿入水中。

獭对于给予了它食物的大自然，怀有深深的敬畏。刚刚还在嬉闹的鲤鱼，一下成了獭的祭品。一条一条，被整齐地排列在岸边。獭躬身作揖，祭拜天地，然后安坐下来，慢慢享受温暖而湿润的春风带给它的愉快时光。

雨水到了。

沾衣欲滴杏花雨。斜风吹着细雨，吹过河岸，吹过田间，吹过老屋前面的篱笆墙，一路过来，菜花、杏花、李花，次第开放。高远的天空，隐约听见大雁归来的欢鸣。

“问世间，情是何物？直教生死相许。”谁会想到，这缠绵悱恻的爱情，竟是写给春归的大雁！

旅途中的诗人元好问，遇着一个捕雁者。这个刚刚得手的猎人，竟有些忧伤。他捕杀了一只大雁。而另一只，已经挣脱了罗网，

雨水这天，年轻的母亲，抱着睡眼惺忪的孩子，早早就站在了路旁。当第一个路人经过时，母亲迎面走去，让孩子给他磕头，认他做干爹。

新婚的女婿，会在这一天，为岳父岳母送上两把缠着一丈二尺红带的藤椅，对他们将自己的妻子养育成人略表谢意。岳父岳母呢，会回赠他一把雨伞，让他为妻小出门奔波时，遮风挡雨。

却不肯离去，在上空盘旋悲鸣，继而投地而死。诗人把这一对大雁埋在水边，同时留下了刻骨铭心的诗句。

细雨带着难以言说的感伤与美丽，随风潜入春夜，滋润万物生长，更有无数的人在深夜辗转反侧，久久不能入睡。

“雨水”这天的清晨，天还没有大亮，雾气把乡村小路上的人影缠绕得朦胧而神秘。年轻的母亲，抱着睡眼惺忪的孩子，早早就站在了路旁。做伴的小狗在腿脚间钻来钻去，低吠着，兴奋莫名。远处的公鸡开始报晓了。

当第一个路人经过时，母亲迎面走去，让孩子给他磕头，认他做干爹。这个路人立即就会欢喜地答应。母亲拿出早已备好的酒菜、香烛和竹箭交给他，让他回去，用箭为孩子射去未知的厄运。这样偶然撞成的亲戚，往往可以相互走动一辈子。

要是机缘不尽如人意，或是对孩子的未来有着更深的寄托，年轻的父母们还会为孩子选择一个完全出人意表的干爹。干爹可能是古怪的石头、年老的大树、清澈的井水，甚至拴着缰绳的牛栏。石头象征坚实，大树象征长寿，井水象征顺利，可是牛栏呢？牛栏还不算，牛、马、猪、羊，都可能成为孩子们的义父。之后，这只被命运垂青的原本低贱的动物，将过上略为体面的生活。人们再也不能宰杀它，还要在它老死时，合乎礼仪地为它送终。人们以虔诚之心，与这大自然的万事万物攀上交情，他们相信大自然的这一切，都有一种特殊的神力，会为自己的孩子在不可知的未来之路上助一臂之力。

在雨水的这一天，以及怀着同样虔诚之心的所有日子里，人与自然，和睦共处，毫无龃龉。人们在这一片祥和的天地之间，相亲相爱。

新婚的女婿，会在这一天，为岳父岳母送上两把缠着一丈二尺红带的藤椅，对他们将自己的妻子养育成人略表谢意。岳父岳母呢，会回赠他一把雨伞，让他为妻小出门奔波时，遮风挡雨。

习俗流转，不知从什么时候起，伞却因“散”的谐音，而成为不可送人的不祥之物。悲观的人，总是把命运归咎于某些无辜的物品。在雨水这一天，许多地方的人们把糯稻放在锅中爆炒，以糯米花爆出的多少，占卜一年稻谷收成的丰歉。不过，我所熟识的乡亲并不十分在意这占卜的结果，爆米花在大多时候，只是一种香甜可口的食品。在雨水过后的那些日子里，他们常常在下地前，随手抓一把捂在嘴里，大嚼着，来到田间，喉咙里哼着含混不清的歌谣，给麦地浇水，给早稻播种，给果树修剪，给桑树的幼苗找个向阳的地块……■

太阳到达黄经345°

惊蛰

每年阳历三月六日前后，太阳到达黄经345度，为惊蛰。蛰虫闻雷声惊而出走。一候桃始华，二候鸧鹒鸣，三候鹰化为鸠。花信风为：一候桃花，二候棠梨，三候蔷薇。

桃之夭夭，灼灼其华。春日里的桃花总会让人想起娇柔的笑靥和年少的爱情

第一声春雷过后，窗外桃枝上，一粒花蕾缓缓开放。

桃之夭夭，灼灼其华。春日里的桃花总会让人想起娇柔的笑靥和年少的爱情。甚至羞涩的黄鹂，也觉得这缱绻的气息了，它站在高处的柳条上，迎着风，开始歌唱。

这歌声，有着一种让人迷恋的诱惑，越来越多的鸟儿，加入了这个合唱。突然，一声昂扬奇诡的鹰鸣，如闪电般划过丛林。所有的鸟儿，四散飞逃，几只胆小的雀儿竟尔一头栽落到灌木丛中。

半天过去，四周悄然无声。胆大的乌鸦从树桠的后面探出头来。根本没有大鹰。在地上踱着方步，顾盼神飞的，是一只布谷鸟。乌鸦气恼地大嚷起来，小鸟们一窝蜂拥出来，哄赶着这只恶作剧的家伙。事实上，它并不是一只布谷鸟，它的确是一只大鹰——刘基在《郁离子》里，对此曾有所记载。

古老相传，惊蛰过后不久，大鹰就会发现自己的嘴变得柔软无力，利爪也变得纤细柔弱。也许是万物繁衍生长的春天，不适宜捕杀，专于猎杀的它，暂时要改做预报播种

惊蛰这一日，人们会在门槛外面洒上石灰，警告蚂蚁小虫，不许上门。小孩子呢，要拎了铜铃或是铜盘，跑到自家的地里，沿着田埂，边敲边唱：『金嘴雀、银嘴雀，今朝我来咒过你，吃我家谷子烂嘴壳。』如此一来，就会吓住那些贪嘴的鸟雀了。惊蛰一到，老人、孩子手提瓦罐赶往庙中。瓦罐里盛着猪油，他们要把猪油抹在庙里白虎的嘴里。老虎嘴里既然已经有了油水，就不吃人了。

的布谷鸟。现在面对小鸟们的驱赶，它只能屈辱地躲进低矮的荆棘丛中，默默等待着，有一天，重新变回自己。

人们相信，在惊蛰的这一天，会有许许多多奇怪的事情发生。而引发这一切的，是一位长相古怪、脾气暴躁的雷神。

雷神是周文王抱养的义子，名叫雷震子。他尖嘴赤面、袒胸露腹，背上长有两只巨大的翅膀。惊蛰一到，他便开始巡视人间大地。他呵斥贪睡的小虫，叫醒冬眠的猛兽，偶尔，还会挥动铁锥敲打某些不孝的儿女。

雷神到来之前，蝴蝶的蛹，藏在一条被落叶遮挡的石缝当中，用丝把自己牢牢捆在石块上，蒙头大睡。它已经睡了10个月了。当雷神把腰间的大鼓敲得隆隆作响的时候，它头顶的壳无声地裂开，一只小小的、湿漉漉的蝴蝶挣扎着，爬了出来。

蝴蝶飞向天空的时候，雷神已把春意传至每一个角落，所有藏身于阴暗之处的小虫或者不祥之物，全都现身人间。所以，当人们听到第一声春雷的时候，都要抖一抖衣衫，据说，如此一抖，可保一年不生虫虱，也可抖去不可知的霉运。在乡下，“惊蛰”这一日，人们会在门槛外面洒上石灰，警告蚂蚁小虫，不许上门。小孩子呢，要拎了铜铃或是铜盘，跑到自家的地里，沿着田埂，边敲边唱：“金嘴雀、银嘴雀，今朝我来咒过你，吃我家谷子烂嘴壳。”如此一来，就会吓住那些贪嘴的鸟雀了。

随雷声而动的，还有深山里的大虫。对付这些吊睛白额的大老虎，这些简单的手段，怕是不大管用。不过，人们另有办法。惊蛰一到，老人、孩子手提瓦罐赶往庙中。瓦罐里盛着猪油，他们要把猪油抹在庙里白虎的嘴里。老虎嘴里既然已经有了油水，就不吃人了。

到庙里，除了给泥塑的白虎嘴里抹油外，老人们还要进行一个“打小人”的仪式。他们相信：随着虫豸的倾巢出动，一些喜欢在暗处使坏的小人也会出来作祟。于是，他们在地上摆上纸剪的小人儿，脱下鞋来使劲抽打。边打边唱。行事虽然诡谲，歌谣倒是幼稚得让人忍俊不禁：“打你个小人头，叫你有气无得抖；打你个小人手，等你有手无得耶……”

因为恐惧，人们常常会做出一些不得体的举动，对此，古代官府颇为重视。惊蛰之前三天，官府就会派人摇着木铎，告诫城乡的百姓：“雷将发声，有不注意自己言行举止的，对自己的孩子将会不利。必有凶灾。”

木铎是一种有着木舌的铃铛，响声柔和悠远，官府在宣政施教之时缓缓将它摇动。《论语》中，就有人把孔子比喻成木铎。由此可见，竟要木铎来提醒的惊蛰，大意不得。■

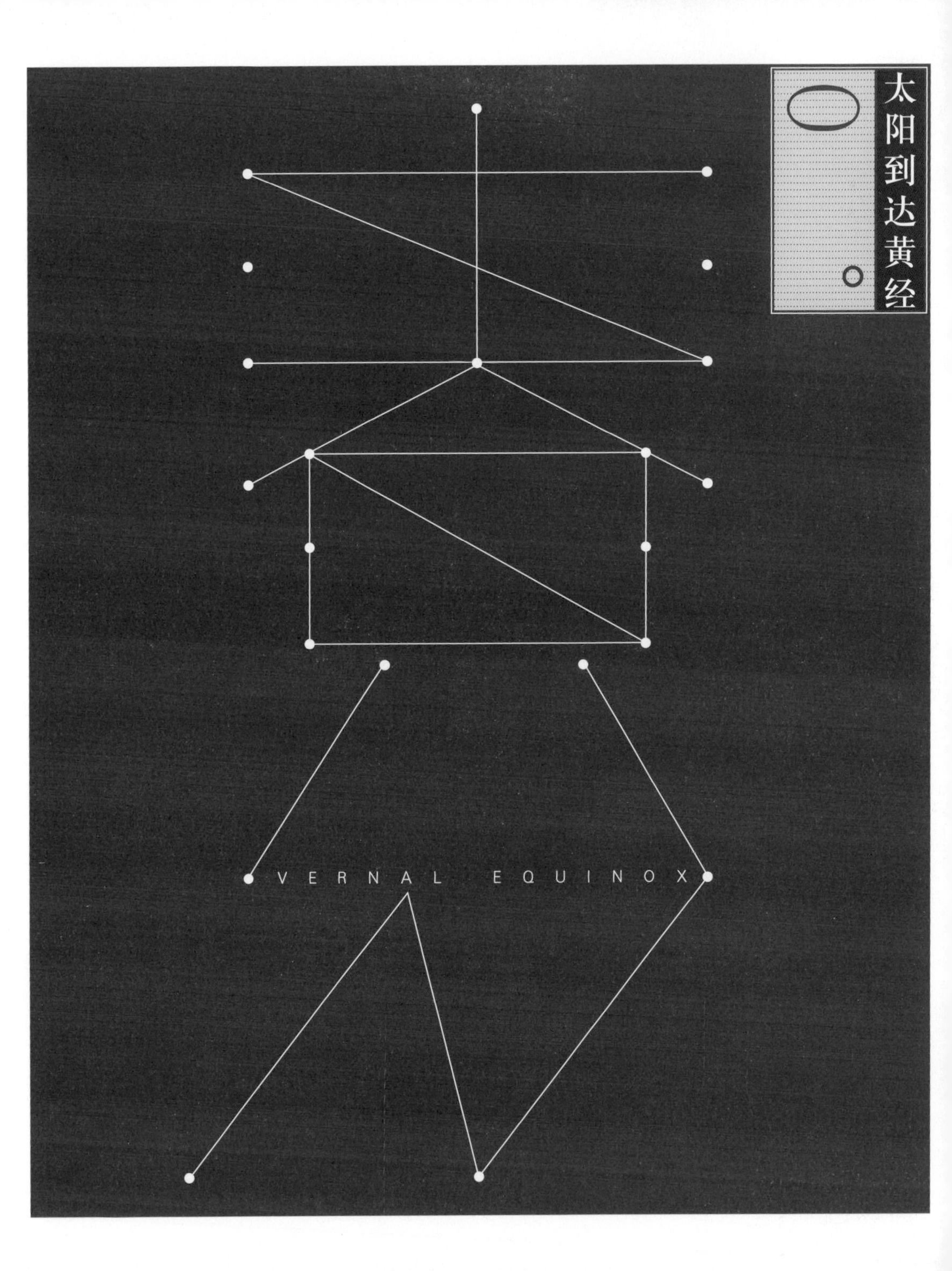
太阳到达黄经0°
VERNAL EQUINOX

春分

每年阳历三月二十日前后，太阳到达黄经0度，为春分。春分之日，昼夜长短相等。一候元鸟至，二候雷乃发声，三候始电。花信风为：一候海棠，二候梨花，三候木兰。

……一只黑色的大鸟，划出一个漂亮的弧线，轻轻落在一支扬向天空的房檐上，它四处观望了一番，昂起头，高声叫道："架架格格，架架格格。"

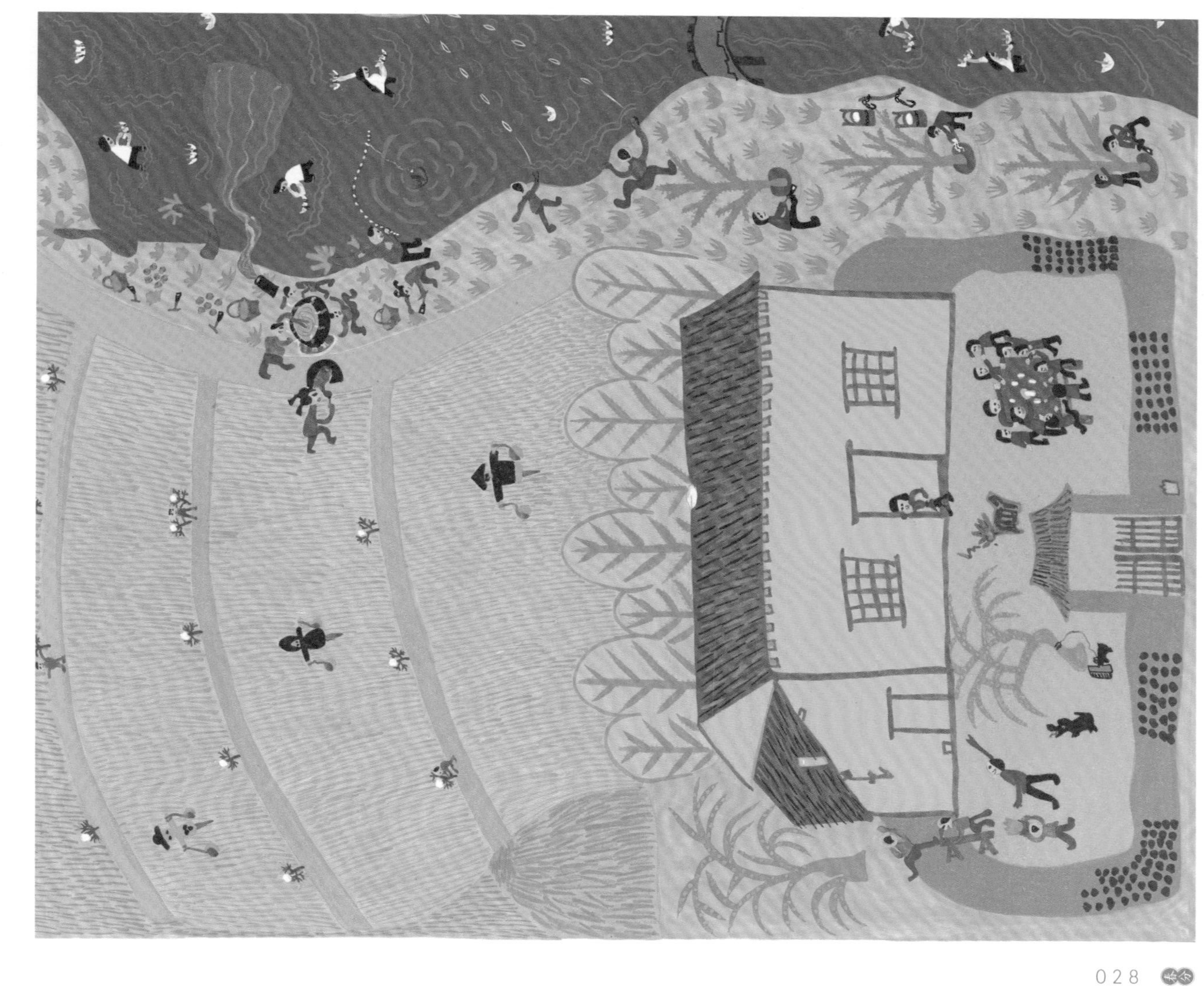

春分

纱一般的薄雾，丝丝缕缕地从弯曲的河沿上飘拂开来，萦绕着睡梦中的村落。树木刚刚生出细叶，还没能盖住村庄里参差的屋脊。一只黑色的大鸟，划出一个漂亮的弧线，轻轻落在一支扬向天空的房檐上，它四处观望了一番，昂起头，高声叫道：“架架格格，架架格格。”

这只像是乌鸦的黑鸟，名叫元鸟。它在春分时来临，秋分时离去。不过，也有人说它其实就是燕子。燕子也是一种奇异的鸟，它只在和睦人家的房梁上筑巢。任何捣毁燕巢的顽童，都会受到父亲严厉的责打。

“夜半饭牛呼妇起，明朝种树是春分。”元鸟的鸣叫，让村里早早就变得忙碌了。不只是要种树,还得卷起裤腿下到池塘去栽藕。麦子在这一天也开始拔节，得赶紧施肥。春分这天实在有太多的事要做。大人们很是忙碌，孩子也有自己的任务。他们必须在村里找到一种叫做“佛指甲”的草，把它栽在小盆里，在爷爷的指导下，放到屋顶上。孩子身子轻、动作快，只要不是故意调皮，就不会弄塌屋顶房檐。老人们把这种草又叫做“戒

春分不只是要种树，还得卷起裤腿下到池塘去栽藕。麦子在这一天也开始拔节，得赶紧施肥。孩子必须在村里找到一种叫做『佛指甲』的草，把它栽在小盆里，在爷爷的指导下，放到屋顶上。能消灾避火。孩童们还要把一只只汤圆戳在竹竿的顶端，扛到地里，再一根根插在自家的田埂上。这叫『粘雀嘴』。希望糯米做的汤圆，能粘住偷食的雀儿的嘴巴，让它受个教训，今后不再敢来。

火草”，说在春分这天放在屋顶，能消灾避火。孩子们呢，觉得好玩，能坐上屋顶，可不是常会有的机会。

从屋顶下来之后，还有一件事要做，这也是孩子们喜欢的。母亲早已煮好十多只实心的汤圆，放在盘子里晾着。父亲昨天晚上，就从竹林里砍来十几根竹子，竹竿上还带着青叶呢。各家的孩童把一只只汤圆戳在竹竿的顶端，扛到地里，再一根根插在自家的田埂上。这叫“粘雀嘴”。希望糯米做的汤圆，能粘住偷食的雀儿的嘴巴，让它受个教训，今后不再敢来。

事实上，最馋嘴的，恐怕不是雀儿，还是孩子们自己。因为做完这件事之后，他们立即就呼朋引伴，到河边的空地上，烧野锅，吃春菜了。有人拎来了铁锅，有人下钩钓鱼，有人寻找柴火，有人在小河的斜坡上挖起灶台，更多的人，四散开来，采挖野菜。春分时节的野菜鲜嫩甜美，种类繁多。等钓来的两条鱼在锅中翻滚之时，他们就把野菜择洗干净，放入锅中。这时候，香气一阵阵在田野里飘散开来，所有人或坐或跪，紧紧围在锅灶的旁边，伸着头，咽着口水。他们早已急不可待了。

野炊春菜只是打个牙祭，到了真正吃饭的时辰，村子里便陆续传来妈妈唤归的声音。妈妈们拖着长调，喊着孩子的乳名，孩子们便远远地应答着，撒腿往家跑去。

屋门口早已摆放好一张宽大的方桌，大人们嘻嘻哈哈地聚在一起，轮流到桌前，尝试着把一只只鸡蛋竖立起来。乡村里的人们，用游戏的方式，证明着春分这一天所象征的阴阳调和。而在皇宫之中，对这一意思的表达，要庄严堂皇得多。

皇帝有个铜制的漏刻，漏壶里的水从雕刻精致的龙口里滴在下面的箭壶之中。缓慢上升的水面，慢慢从壶盖的孔中托出一根带有刻度的箭杆，箭壶盖上立着一个表情严肃的铜人，箭杆的刻度经过铜人双手环抱之处，即为此时的时刻。在春分这一天，箭上刻度上下长短一样，都是五十刻。表明日夜平分，各为 12 小时。

这个日夜均分的日子，对皇帝而言，至关重要。他虔诚地率领他全部的妃嫔，去叩拜司掌生育的高禖之神，并献上牛、羊、豕，以最为隆重的太牢之礼祭祀。在禖神之前，那些怀孕的妃嫔将得到礼酒和弓箭。这与西方神话里用弓箭象征突如其来的爱情竟有着不可思议的相似。

也许日夜均分，还象征了公平。皇帝宣布在春分这天，对一切度量工具进行检核。据说，许多制秤的匠人，会选这一天开工，以示公心做事，无愧天地。如此说来，古人将秤又叫做“权衡”，实在颇有深意。■

太阳到达黄经15°

清明

每年阳历四月五日前后，太阳到达黄经15度，为清明。大地一派清洁明净。一候桐始华，二候田鼠化为鴽，三候虹始见。花信风为：一候桐花，二候麦花，三候柳花。

清明节这天，孩子们最喜欢的，是看妈妈用艾粉，捏自己的属相——子鼠丑牛寅虎卯兔，蒸熟之后挂在窗口，让风吹干

即便是火种，传承的时间长了，也会热力下降，变得衰弱，所以必须“改火”。古人选择在暮春的一天，熄了旧火，钻木生出新火。

“朝来新火起新烟。”内侍们一早从深宫中鱼贯而出，举着蜡烛，把新火赐给皇帝的近臣，弄得整个皇城轻烟缭绕——清明到了。

清明是个祭祀祖先的大日子。在前一天，就要准备好丰盛的酒食，有乳酪、糕点、面饼，还有鲜花水果。等天大亮了，用担子挑着，一家人，相互搀扶着，往郊外的祖坟走去。路上早已行人如织了，沿途小贩们的叫卖声不绝于耳，特别是在靠近坟地的野地里，竟如闹市一般。偌大一个空地上，摆放着各式各样的，纸做的猪马牛羊、亭台楼阁。

坟茔上杂草横生，因为一年来的雨水冲刷，几乎要坍塌了，不知名的小动物，已经在坟包上打了许多洞穴。凄凉的景象，让拜祭的后人，禁不住要流下泪来。于是一家大小拿出工具，赶紧修补。

在终于修葺一新后，人们在坟前摆上祭品，嘴里祷告着，烧起纸钱。纸灰如白蝴蝶

清明是个祭祀祖先的大日子。人们在坟前摆上祭品，嘴里祷告着，烧起纸钱。祭祖后，孩子们聚在了一起，在野地里玩起了『斗鸡』的游戏。姑娘们也跑到小河边上，仔细挑选着一根好看的柳条，插在发髻。

清明节，也有人在家中祭祖，将一张方桌摆放在门外，布好酒菜，点上纸钱，磕头，请亡人用餐，并不邀请他们进屋。算妥吃好了，用脚碰碰椅子，就请他们离开。

般漫天飞舞开来，喃喃的祷告慢慢带了哭腔，跪拜一地的家人，终于失声痛哭。哭声勾起了各自的怀念，一旁小路上的行人，脸上也满是哀戚，一言不发，低着头匆匆而过。

日影西斜，大人们收拾好杯盏，呼喊着走远的孩子。死的哀伤与生的欢愉在此刻奇妙地融合。孩子们聚在了一起，抱着一条腿，单腿弹跳着，捉对儿冲撞，正高兴地玩着“斗鸡”的游戏。姑娘们也跑到小河边上，仔细挑选着一根好看的柳条，插在发髻。“清明不插柳，红颜成皓首”，不插柳条的人，会老得很快。

从郊外往城里走的时候，三三两两放纸鸢的人，已经割断手中的线，让它飞走。纸鸢背上的丝弦，发出古筝的长调，渐渐远去。断线的风筝将带走一切的不如意。

城墙外面的空地上，“拔河”的比赛还没有结束，你来我往，喊声震天。然而并没有多少看客。大多数人，都在不远的地方，围看一群人的“射柳”。装着鸽子的葫芦，悬挂在随风摇曳的柳条上，射手把弓拉得如满月般，猛一松手，箭正中葫芦，受惊的鸽子冲天而起，顿时彩声雷动。

穿城而过，隔着高高院墙，常常会听到如银铃般的笑声。因为清明节也是秋千节，年轻的女孩大多聚在后花园里，向高处荡着秋千。“笑渐不闻声渐悄，多情却被无情恼”，墙外的少年，黯然回家。并不是人人都有许仙的好运。正是清明这天，他在断桥遇见了白娘子。

城里家家户户，早已用面粉和着枣泥，做成燕子的模样，拿柳条穿着，一串串挂在门楣上，名为“子推燕”。介子推是随着晋文公逃亡的功臣。回国之后，因为不愿与小人为伍，躲到绵山。晋文公放火逼他出来。不料，他宁被烧死，也不肯出山为官。此后每年的这一天，人们不忍生火，并称之为寒食节。寒食节与清明靠得很近，渐渐二节便合二为一了，甚至变成了清明节的源起。

除了挂“子推燕”，清明节这天，孩子们最喜欢的，是看妈妈用艾粉，捏自己的属相——子鼠丑牛寅虎卯兔……蒸熟之后挂在窗口，让风吹干。到立夏那天，再取下来，加水炖着吃。据说吃过之后，夏天就不再生蛀虫。

门窗上除了挂“子推燕”或者艾牛艾狗之外，还一定要插上柳条。柳条能够辟邪和催鬼，又叫“鬼怖木”。清明这天，气清景明，人鬼世界的道路会开通，百鬼出没。人们去坟前哭祭，却不愿鬼魂在家中逗留。子曰“敬鬼神而远之”，彼此不能过于亲密。

中国人特有的圆通与世故在习俗中无处不在。在我的乡间，清明祭祖，也只是将一张方桌摆放在门外，布好酒菜，点上纸钱，磕头，请亡人用餐，并不邀请他们进屋。算妥吃好了，用脚碰碰椅子，就请他们离开。

“昔我往矣，杨柳依依。”人们在离别的时候，常常会折柳相送，以示挽留和恋恋不舍。谁会想到，柳条又是提醒人鬼殊途的神符呢？■

太阳到达黄经30°

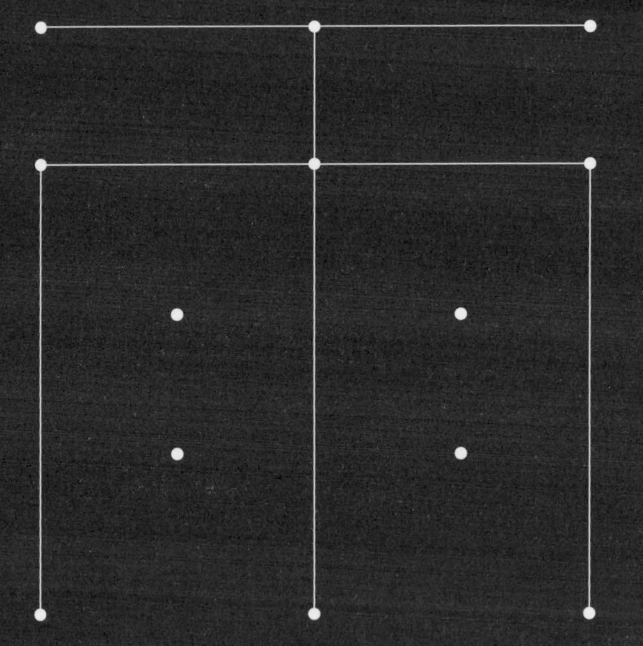

谷雨

每年阳历四月二十日前后，太阳到达黄经30度，为谷雨。雨生百谷。一候萍始生，二候鸣鸠拂其羽，三候戴胜降于桑。花信风为：一候牡丹，二候酴醿，三候楝花。

“期我乎桑中”，桑林自古以来就是约会的好地方，人人期望能在这里碰上一个艳遇

谷雨

百花之王牡丹，又叫做“谷雨花”。谷雨是她开花的日子。

冬日凋零的御花园，让喝醉了酒的武则天索然无味，乘着酒兴，她在丝绢上写下一个荒唐的诏令：“明朝游上苑，火速报春知。花须连夜放，莫待晓风吹。”第二天清早，百花莫不慌张地开放，惟独牡丹，花骨朵也没有一粒。武则天恼羞成怒，下令把长安城所有的牡丹连根拔去，扔到洛阳一个荒凉的山谷。被贬的牡丹，竟开出更为奇异的花来，从而成就了千年的洛阳花会。

“惟有牡丹真国色，花开时节动京城。”城里的人们东奔西走，赶赴谷雨花会，而乡村里的女子正忙于采摘桑叶。

《孟子》上说：“五亩之宅，树之以桑，五十者可以衣帛矣。”桑林在某种意义上，成了古人理想国的象征。有村庄处，必有桑林。“谷雨三朝蚕白头。”谷雨前后，任何人不得去左邻右舍串门，即便是衙门的官差，也不得下乡，以免冲撞了蚕神。等蚕上山了，祭过蚕神嫘祖，方才解禁。

然而年轻人是不安于寂寞的，他们把这当

谷雨是采桑的时节。而桑林自古以来就是约会的好地方，人人期望能在这里碰上一个艳遇。那些藏在桑林深处的采桑女们若隐若现，偶尔的笑声有着神秘的诱惑，让人遐想无限。不知趣的戴胜鸟，总在这个时候从远处飞来，在头顶的桑枝上走来走去，一步一啄，有若耕地，嘴里一声接一声催促着树下的年轻人，尽早离去，勿误农时。

成去村外约会的大好时机。于是陌上桑林边，行路的、骑马的、坐轿的，人流竟是络绎不绝了。“期我乎桑中。”桑林自古以来就是约会的好地方，人人期望能在这里碰上一个艳遇。那些藏在桑林深处的采桑女们若隐若现，偶尔的笑声有着神秘的诱惑，让人遐想无限。

不知趣的戴胜鸟，总在这个时候从远处飞来，在头顶的桑枝上走来走去，一步一啄，有若耕地，嘴里一声接一声催促着树下的年轻人，尽早离去，勿误农时。

可是，谁会在乎一只鸟儿的打扰呢！春日迟迟，杨花落尽子规啼。满天的柳絮，让人的心事变得飘忽不定。一边是陌上桑林里的笑骂，一边是远处山坡上采茶姑娘们的唱和，踯躅不前的少年，内心充满着难以言说的欢欣与惆怅。

“于以采萍？南涧之滨。”河边的另一群女孩，正为自己的成年仪式，采摘祭品。她们挎着圆箩，踩过水边的浅草，弯下腰，轻轻采摘着初生的浮萍。浮萍要用三脚的锅煮熟，然后由最美的少女，恭敬地端到宗庙之前，祭祀天地。选用水生的浮萍当作祭品，是因为它象征了繁殖，并有着柔顺的美德。

谷雨这天的祭祀名目繁多，形式多样。西山里的男女要去小河里洗一洗消灾避祸的“桃花水”；北方人家要在墙上贴上“谷雨禁蝎贴”；南海之滨，人们用舞蹈与歌谣来祭拜海上的天妃之神；东海的渔人则在海边摆开宴席，用硕大的馒头与肥壮的整猪来献祭龙宫里的海神。

然而这些，都不是谷雨时节最为隆重的祭祀。人们把最高的礼遇给予了黄帝的史官——仓颉。仓颉长相非凡，古书上说他“龙颜四目，生有睿德”。

那是五千多年前的一天，走遍名山大川的仓颉，席地而坐，依照星斗的曲折，山川的走势，龟背的裂纹，鸟兽的足迹，造出了最早的象形文字。在他之前，人们一直用打结的绳子来记载事件，生活在巫术横行、人鬼混居的浑沌之中。“仓颉造字，而天雨粟，鬼夜哭。”上天为生民贺喜，降下谷子，鬼因为再不能愚弄民众而在黑暗中哭泣。人们从此把这天叫做“谷雨”，并在每年的这一天，祭祀仓颉，并称他为圣人。认为是他带来了智慧，并使文明得以延续。

祭过仓颉之后，还要在灶神的旁边贴上一幅公鸡吃蝎子的图画。防止夏季来临蝎子精作怪。贴好“谷雨鸡”神符，人们往往会炒上一盘新鲜的香椿。“雨前香椿嫩如丝”，谷雨食椿，又名“吃春”。谷雨是春天最后一个节气，人们也许是想用这种形式，留住春色，同时掩盖“落花流水春去也”的惆怅吧。■

掌管夏季的天神是祝融。《山海经》上说他：『兽身人面，乘二龙。』祝融曾经打败过共工，杀死了治水不力的鲧。可见他的确神通广大。

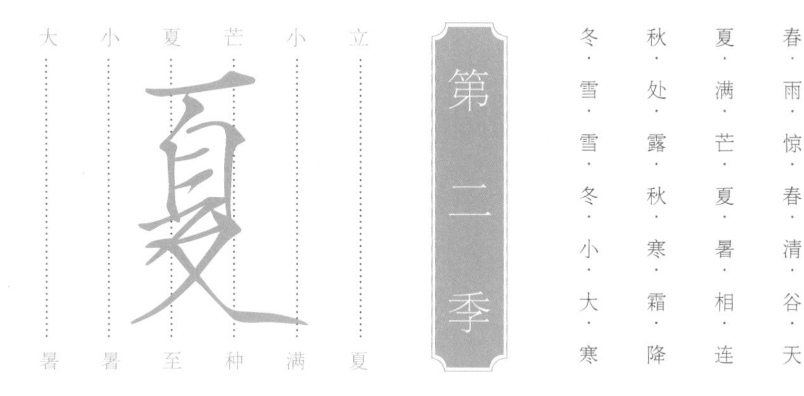
春·雨·惊·春·清·谷·天
夏·满·芒·夏·暑·相·连
秋·处·露·秋·寒·霜·降
冬·雪·雪·冬·小·大·寒
第二季
立夏
小满
芒种
夏至
小暑
大暑
夏

太阳到达黄经45°

立夏

每年阳历五月五日前后，太阳到达黄经45度，为立夏。万物至此皆长大。一候蝼蝈鸣，二候蚯蚓出，三候王瓜生。

其中带壳的豌豆，女孩是一定要吃的。因为豌豆荚形如美目，立夏这天吃了，便能“巧笑倩兮，美目盼兮”

立夏

掌管夏季的天神是祝融。《山海经》上说他：“兽身人面，乘二龙。”祝融曾经打败过共工，杀死了治水不力的鲧。可见他的确神通广大。

每年的立夏，天子都要到南郊七里之外去祭祀祝融，期望他能保佑整个夏季的平安。因为祝融是火神，所以前去祭祀的人们，要乘红车、骑赤马、穿朱衣，甚至腰间挂着的玉都要是红色。

回到朝廷后，天子对三公九卿、文武大臣进行赏赐。其中最令人心怡的礼品，是冰块。掌管冰政的凌官，早已让人打开地窖，取出冬天储藏的冰块，用刀斧切成小块，由天子亲自赐给大臣。

大臣们散朝回家，远远就听到大街上传来“磕磕”之声。街角处，摆放着一只大木桶，木桶上面竖放着一支铜制的月牙幌子，表明桶里的货色是连夜赶制的。小贩手里握着两只铜盏，正起劲地敲着。大木桶里满是冰块，冰块的中央是一只小口大肚的陶缸，缸里便是酸甜诱人的冰镇青梅汤了。

青梅、樱桃和鲥鱼，是立夏之日必备的三

立夏女孩要吃带壳的豌豆，因为豌豆荚形如美目。小孩呢，要骑坐在门槛上，吃上一块香糯甜软的豌豆糕。吃过豌豆糕，就要称人了。大人们早在屋前的大槐树上，用麻绳吊起一杆大秤，秤钩上悬挂着一只四脚朝天的长凳。先是称孩子，因为孩子们觉得好玩，性子急，一个接着一个，爬上凳子，双脚悬空。秤砣要往外捋，只能增重，不能减重，如此便会不怕炎热，长寿健康。

鲜。未熟的梅子比比皆是，而最好的樱桃是在南京玄武湖的樱洲上。康熙南巡，江宁织造曹寅进贡樱桃，康熙舍不得食用，让快马连夜送去北京：“先进皇太后，朕再用。”而鲥鱼，更在扬子江心。因为难得、稀罕，倒成为官宦富商之家的风尚。而寻常百姓，攀比不得，就用梅子、河虾、豌豆替代三鲜了。

其中带壳的豌豆，女孩是一定要吃的。因为豌豆荚形如美目，立夏这天吃了，便能“巧笑倩兮，美目盼兮”。小孩呢，要骑坐在门槛上，吃上一块香糯甜软的豌豆糕。立夏吃了豌豆糕，整个夏天就会不厌食，长身体。吃过豌豆糕，就要称人了。称人的习俗跟三国时蜀国的皇帝——那位“扶不起的阿斗”有关。不过因为年代久远，已经很少有人在意这习俗的来源。

大人们早在屋前的大槐树上，用麻绳吊起一杆大秤，秤钩上悬挂着一只四脚朝天的长凳。先是称孩子，因为孩子们觉得好玩，性子急，一个接着一个，爬上凳子，双脚悬空。秤砣要往外捋，只能增重，不能减重，如此便会不怕炎热，长寿健康。女孩子称过之后呢，轻的便是燕瘦，重的也是环肥，都美得很，个个喜笑颜开。

称人之后，孩子们就聚到一起，摘下脖子上装在丝袋里的熟鸡蛋，相互撞击争斗。不破为赢，赢的被称为大王。大王踌躇满志，得意洋洋。输的便剥了壳，立即将蛋吃了。立夏吃蛋补心。不过，略略长成的女孩可得小心，因为妈妈们一般都会趁她们张口吃蛋之时，一针下去，给她们穿个耳洞，挂上耳坠。因为怕疼而逃跑的，就用五色丝绳系在手上，叫“立夏绳”。美，并且不疰夏。

新嫁的女子，不会来凑这样的热闹。她们正忙着把李子榨汁掺入酒中，据说在立夏这天喝下去，会青春常驻，于是酒又名为“驻色酒”。三两杯之后，个个脸色绯红，于是又相约去村外的荷塘边，吹吹风，顺手折回两根皂荚枝条。

皂荚树要在秋天才会结下扁长的皂荚，她们一捧捧采摘回去，晒干了，做一年洗衣之用。而立夏这天，每家都要在门前插上一两枝新鲜的皂荚枝条，压祟。皂荚枝的多刺与皂香，可以吓退作祟的鬼怪。

一场新雨后，荷塘里蛙声一片。河水也从稚气的少女变得婀娜起来。岸边皂荚树的刺已很是扎手，旁边的石榴树上，也开出了火苗般的花蕊。不知名的小虫“嘤嘤嗡嗡”，飞来飞去。脚下的泥土也变得松动了，蚯蚓呼之欲出。夏季是万物生长的季节，也是出家人护生之日。立夏之后，在外苦修的行脚僧陆续来到寺庙挂单，不再云游，唯恐不经意间，伤害了草木鱼虫。《礼记》上也说：这个月草木都在继续生长，不要毁房舍，不要兴土木，不要征劳役，不要伐大树。

所谓休养生息，正在其时。

60°

太阳到达黄经

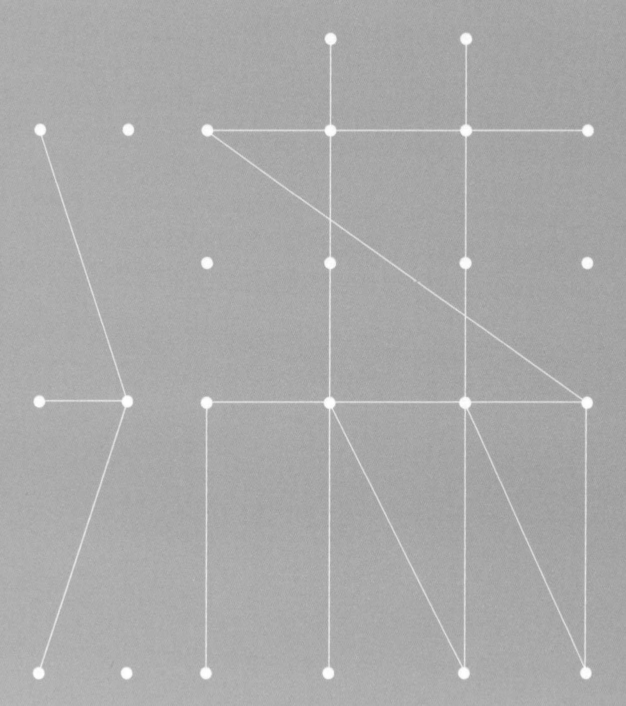

小满

每年阳历五月二十前后，太阳到达黄经60度，为小满。麦子渐饱满，尚未成熟。故名小满。一候苦菜秀，二候靡草死，三候麦秋至。

周穆王西征，在会见西王母之前，“于是休猎，于是食苦。”用苦菜赢得爱情，这恐怕算是空前绝后了

小满

“小满食苦菜”。苦菜三月生，六月开花，如小小的野菊，漫山遍野都是。若是不小心碰断了它的茎，立即就会流出白的乳汁，自然，味道是苦的。有的孩子，喜欢去捣野蜂的窝玩，被螫了，要赶紧用这苦汁涂。

苦菜的叶子像锯齿，吃在嘴里，苦中带涩。不过再苦，小满之日是必要吃的。吃也不能耍滑头，若是在苦菜里拌了蜜吃，会得一种奇怪的病。如果吃惯了，苦菜也是一盘好菜。李时珍说久食能“安心益气”。也有醉汉用它醒酒。戏台上的王宝钏，住在寒窑里18年，靠吃苦菜才活下来，终于等到了薛平贵。

但也有人坚持不吃苦菜。“采苦采苦，首阳之下。”首阳山有很多苦菜，可是隐居在这里的伯夷、叔齐，还是活活饿死了。他们为了明志，不食周粟，只肯吃薇啊、苦菜啊这些野菜。后来，有个刻薄的女子碰到他们，嘲笑说，你们立志不吃周朝的谷物，这薇啊什么的，不也是周朝的植物么！这两人没法，只好绝食。屈原也不喜欢苦菜，他在《九思·伤时》里感慨地说：苦菜长得倒是茂密，香草蘅芷却很凋零。在他看来，香草是“君子”，

小满之日，要祭水车神。小满这天天不亮，村子里就热闹起来。人们打着火把，把水车一字排在河岸上，摆上鱼肉、香烛还有一碗白水，磕头拜祭。完了，把这碗里的水，一定要泼在自家的地里。水车边上，人们吃着麦糕、麦饼，只等年老的族长一声锣响。锣响了，人们就如飞地踩动水车，整齐的号子，一下子掀翻了天。水像一条条小白龙，从河里，经过水车，向各家的地里飞奔而去。

苦菜是“俗人”。

可就这样一个“俗人”，竟充当了一段浪漫爱情的“红娘”。周穆王西征，在会见西王母之前，为了示好，停止了一路的耀武扬威，“于是休猎，于是食苦”。用苦菜赢得爱情，这恐怕算是空前绝后了。这位酷爱游猎的穆天子，姓姬名满，不知“小满食苦”的风俗与他有无干系。

我比较相信，小满吃苦菜，是预示着农人即将开始辛苦劳作。“嚼得菜根，百事可为。”先吃顿苦菜，下面的苦就能挨了。“小满动三车。”从这天开始，“丝车、油车、水车”都要忙碌起来。蚕妇把老蚕结的茧，丢到锅里去煮，抽丝剥茧，日夜不停。“蚕过小满则无丝。”丝车是一种脚踏的木床，不过如今欲知晓它的模样，只有去看南宋楼俦的《耕织图》了。而油车，在某些偏僻山区的岩洞里，也许还有些许遗迹。沈从文先生倒是亲眼见过，他说：打油人，赤着膊，腰边围了小豹之类的兽皮，挽着小小的发髻，手扶了那根长长的悬空的槌，唱着简单而悠长的歌，訇的撒了手，尽油槌打了过去。

缫丝、打油，毕竟是补贴家用，而地里禾苗的长势，却是一家人吃饭的根本。所以，架了水车车水，是大事。

小满之日，要祭水车神。水车神是白龙。大人们说这条白龙是一位缪氏夫人所生，山顶上还立着龙母庙，白龙每年都回来省亲。龙来了，自然会带着雷雨，也就不用车水了。祭祀它，大概是想让它多回家看看。孩子们却宁愿相信这条小白龙，就是那个驮了唐僧到西天取经的龙王三太子。不管怎样，小满这天天不亮，村子里就热闹起来。人们打着火把，把水车一字排在河岸上，摆上鱼肉、香烛还有一碗白水，磕头拜祭。完了，把这碗里的水，一定要泼在自家的地里。水车边上，人们吃着麦糕、麦饼，只等年老的族长一声锣响。锣响了，人们就如飞地踩动水车，整齐的号子，一下子掀翻了天。水像一条条小白龙，从河里，经过水车，向各家的地里飞奔而去。

然而踏水车是最辛苦的，“车轴欲折心摇摇，脚跟皲裂皮肤焦。堤水如汗汗如雨，中田依旧成槁土”。对于这苦，农人是不抱怨的，甚至不会去追求一个十分圆满的结局。“小满”的意思是：万物生长稍得盈满，还没有全满。“小满”之后，没有节气叫做“大满”，不需要。最老的史书《尚书》里说：“满招损，谦受益，时乃天道。”《易经》里说：“天道亏盈而益谦。”都是这个意思，太满了不好。■

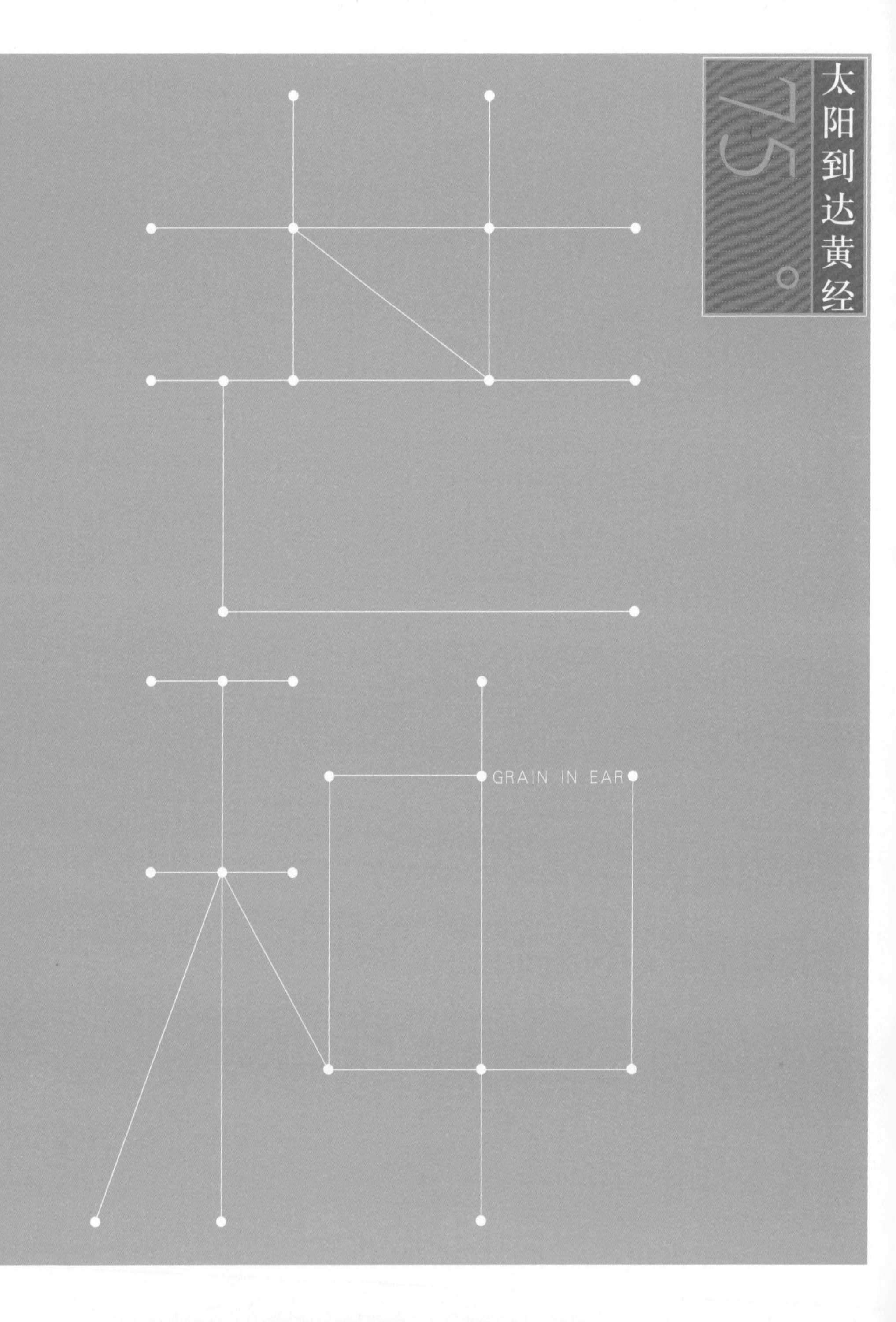
太阳到达黄经
75°
GRAIN IN EAR

芒种

每年阳历六月五日前后，太阳到达黄经75度，为芒种。麦类等有芒作物成熟，夏种开始，故名芒种。一候螳螂生，二候䴗始鸣，三候反舌无声。

插秧的日子，像是狂欢节，没有人会去睡觉，他们燃起篝火，唱着、笑着

芒种

天还没有亮，爷爷就点了油灯，用木贼草擦去镰刀上的铁锈，沙沙地磨了起来。在这沙沙声中，村庄慢慢醒来。

割麦的人们踩着露水出发了。

麦地里，挥舞着镰刀的人们，形成一条优美的弧线，缓缓地，朝着地平线，推动着一波接着一波的麦浪。

相随其后的人们，要立即把麦子捆成麦把，肩挑手推，送回家中的麦场。

屋前的麦场上，爷爷扬了鞭，大声吆喝着，赶着牛碾谷。伯伯头上裹着一块毛巾，用长长的木锨，一下又一下，向高空抛着麦粒，让风吹去麦芒麦壳。

抢收、抢运、抢晒，芒种是一年最忙之时。地里的人们回家吃饭的时间也没有。女人们做好饭菜，装在竹盒里，用扁担挑着，孩童们抱着盛了汤的瓦罐，跟着一路小跑，“妇姑荷箪食，童稚携壶浆。相随饷田去，丁壮在南冈”。白居易的《观刈麦》，写的就是这个情形。

麦收之后，来不及庆祝丰收，必须立即把麦地耕了，放了水，淹成水田。要插秧了。

天还没有亮，爷爷就点了油灯，用木贼草擦去镰刀上的铁锈，沙沙地磨了起来。麦地里，挥舞着镰刀的人们，形成一条优美的弧线，缓缓地，朝着地平线，推动着一波接着一波的麦浪。
屋前的麦场上，爷爷扬了鞭，大声吆喝着，赶着牛碾谷。伯伯头上裹着一块毛巾，用长长的木锨，一下又一下，向高空抛着麦粒，让风吹去麦芒麦壳。
抢收、抢运、抢晒，芒种是一年最忙之时。

跟割麦不同，插秧时，人们的心情要愉快多了，完全不用担心天气的剧变。男人们只负责运送秧苗。插秧，那是女人们的事了。她们高高地挽起裤脚，站在田埂上，排成长长一队。“嗳——”一声号子高昂地响起，人们应声相和，手舞之，足蹈之，踏着节奏，波浪一般往前。这波浪，仿佛永无止境。当黑夜来临，人们燃起了无数的火把，那古老的歌声，从村外响到村里。插秧的日子，像是狂欢节，没有人会去睡觉，他们燃起篝火，唱着、笑着——男人们趁着把一捆一捆的秧苗投向插秧人身旁的机会，让泥水溅在他所喜欢的女子的身上、脸上，女子们也会冷不防，抓一把泥巴扔向他们赤裸的胸背。

“东风染尽三千顷，折鹭飞来无处停。”麦地变作了秧田之后，终于可以喘口气了。为了秋天的稻子有个好的收成，人们有个小小的祭祀，说是安苗，请神灵护佑禾苗能平安生长，其实也是对自己忙碌之后的一个奖励。家家户户用新麦面，捏成家禽牲畜，用蔬菜点染上颜色，蒸熟了，祭祀各路神仙。祭礼结束，端上馒头糕点，瓜果鱼肉，斟满青梅酒，相互劝饮着，慢慢醉去。

芒种一过，便是夏日，众花皆卸，花神退位。特别是闺中的儿女，早早便把自己打扮一新，用花瓣柳条编成轿马，或用绫罗绸缎叠成旌旗彩幡，系在房前屋后的树上，为花神饯行。多愁如林黛玉的，甚至还会收罗残花落瓣，洒泪葬花。花落如雨之时，天空中传来百舌鸟一声声“春去也，春去也”的鸣叫。这种能够唱出一百二十多种音调的小鸟，自此之后，将一言不发，直到明年春天再来。

一川烟草，满城风絮，梅子黄时雨。芒种过后，便是梅雨季节了。油纸的雨衣要用竹竿挑起来晾着，皮货毛衣也要赶紧埋到灰堆中，免得受潮。弓上的弦要松下来，紧绷的弓弩容易被湿气霉坏。蚊虫也嘤嘤嗡嗡地多了，得赶紧在门楣上挂上艾草或者菖蒲。

梅雨是应该下到小暑之后的，若是只下个七八天，便戛然而止，这就是大旱的征兆。如果这样，便要举行“大雩”之祀了。

乐师预备了乐器，衙役准备好仪仗，官吏百姓相拥出城，来到郊外的河边，先是沐浴，然后陆续前往专为祈雨的雩台之下。乐师们奏起琴、瑟、管、箫，武士们舞起干、戚、戈、羽，少男少女们，踏着节拍，随乐而舞，边舞边呼：“雨”、“雨”、“雨”——簇拥在雩台四周的人们应声相和，呼喊之声，响遏行云。

“浴乎沂，风乎舞雩，咏而归。”在孔子询问弟子们的志向时，曾皙这样回答。于他而言，雩台上的歌舞，已经不是一种仪式，而是关于敬畏、仁爱和返朴归真的象征——对此，孔子表示深深赞许。■

90°
太阳到达黄经

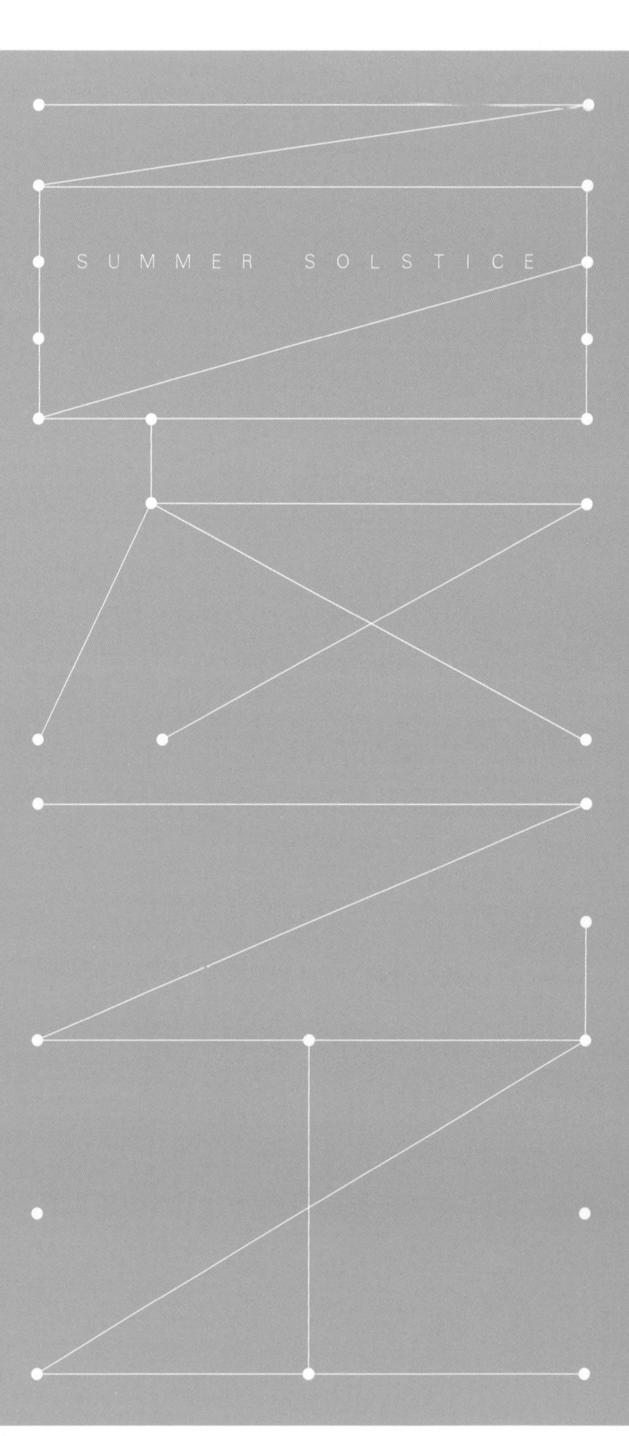
SUMMER SOLSTICE

夏至

每年阳历六月二十一日前后，太阳到达黄经90度，为夏至。日光直射北回归线，出现日至长，日影短至，故名『夏至』。一候鹿角解，二候蜩始鸣，三候半夏生。

“半夏生，木堇荣。”仲夏盛开的木槿，是一种极美的花，古人常常用它来形容美貌的女子

夏至 如果大火星，出现在黄昏天空的正南方，人们就知道，夏至到了。

大火星，是东方苍龙七宿中最为耀眼的一颗，也是苍龙之“心”，人们常常会根据它来安排农事，占卜吉凶。《说文解字》里，对龙的描述是“鳞虫之长，春分而登天，秋分而潜渊”，这与苍龙七宿在天空中出没的规律竟是惊人的一致。龙是中国人的图腾，我们至今还自诩为龙的传人。那条传说中的巨龙，也许就是我们仰望夜空时的这一群星星。古老的《易经》也透露出这样的蛛丝马迹。

苍龙七宿春日初现，这是“乾卦”中的“见龙在田”；夏日横空是“飞龙在天”；继续西移，便是“亢龙有悔”、“群龙无首”了。七宿最终在天边消失，成为“潜龙在渊”。

夏至之日，正是“飞龙在天”之时。这一天白昼最长，阳气最盛。夏至后不久，就进入一年中最为炎热的“三伏”天了。“三伏”，是说这阳气之下，埋伏着阴气，虽然酷热难当，不过，阴凉却已在暗地里滋生。属阳性的鹿，因为在夏至这一天，感觉到了阴气，头上的角就会脱落下来。地下的蝉感受到了阴气，

夏至时，手巧的女子，会在绸缎上绣上日月星辰，手艺不精的，就拿赤青黄白黑五色线丝编成彩带，系在心上人的手臂上，名为长命缕。这天还要把菊花烧成灰，洒在麦堆上，据说可以防蛀。夏至日还要在稻田当中插上许多的草人，然后在田头摆上酒食，作揖祷告，祭土谷之神。祭神之后，还得回家祭祖。祭祖简单得多，只需从地里摘上一枝新长的稻穗，回家放在祖先牌位面前，以示不忘祖先养育之恩。

也匆忙爬到树的高处，开始一夏的嘶鸣。夏至之后，白天会慢慢缩短，夜晚渐渐加长。亢龙有悔、盛极而衰、过犹不及，都是这个意思。这是中国古人特有的阴阳观，世间万物，跳不出相生相克的“阴阳”二字。

相生相克的意味，在立夏之后破土而出的半夏身上，也有所体现。半夏是一种有毒的植物，不小心吃了，立刻就会口舌发麻。可万一有鱼刺鲠在喉咙，半夏却能治疗。如果被蝎子蜇了，拿半夏的根捣烂，敷在伤口上，以毒攻毒，也能很快止痛。

《礼记》上说：夏至之后，“半夏生，木堇荣”。仲夏盛开的木槿，是一种极美的花，古人常常用它来形容美貌的女子。《诗经》上说“有女同车，颜如舜华”，舜华就是木槿。可是这花的美丽却是极为短暂，朝开夕落，一如红颜易老，令人痛心。若用木槿的叶子泡了茶喝呢，人就会放下烦恼，昏昏欲睡。种种反差，令人踯躅。

月满则亏。在象征着鼎盛的夏至这天，富贵之家会在门前摆上药饵、茶水，接济急需的路人。他们懂得，没有永远的富贵，舍即是得，善业即福报。

夏至对于古人而言，就是这样一个既张扬、又须小心的节气。手巧的女子，会在绸缎上绣上日月星辰，送给自己喜爱的人。手艺不精的，就拿赤青黄白黑五色线丝编成彩带，系在心上人的手臂上，名为长命缕。防病防灾。官府夏至也要放假三天，让大小官员回家。他们在与妻儿团聚的同时，常常会烧上一桌好菜，请来左邻右舍，既体察民意，又融洽了感情。餐桌上除了桃李瓜藕和爽口的凉粉之外，面条是必要吃的，吃面长寿。长长的面条，或许还暗示了夏至长长的白天。

在这个长长的白天里，有许多事情要做。要把菊花烧成灰，洒在麦堆上，据说可以防蛀。不过，菊花的碎末，不能随手乱抛。《夜航船》上说：吹到池塘上，会使青蛙不鸣。“稻花香里说丰年，听取蛙声一片。”蛙声是丰年的预告，不可不鸣。为了丰年，夏至日还要在稻田当中插上许多的草人，然后在田头摆上酒食，作揖祷告，祭土谷之神。

祭神之后，还得回家祭祖。祭祖简单得多，只需从地里摘上一枝新长的稻穗，回家放在祖先牌位面前，以示不忘祖先养育之恩。人们尊崇祖先，因为他们知道，自己只是生命循环、代代相传当中的短短一环。而生命，又是大自然循环中的一个小循环。

“七月流火，九月授衣。”夏历的七月，大火星西行，天气渐渐转凉。阳气一日日减弱，阴气一天天上升。直到冬至，阴气达到极盛了，阳气重又升起。如此循环往复，推动四季运转，万物生长，生命交替。中国人追求天人合一，或许就是对这个大循环的向往吧。

105°

太阳到达黄经

总是把泥土刨得四处飞洒的母鸡，也像是呆了一般，木木地站在草垛底下，一动不动

小暑

《周书》上说：“小暑之日温风至，后五日蟋蟀居壁，后五日鹰乃学习。”温风其实是蒸腾的暑气，它丝毫吹不动树上的枝叶。狗也懒得动，趴在树阴底下，吐着舌头喘气。总是把泥土刨得四处飞洒的母鸡，也像是呆了一般，木木地站在草垛底下，一动不动。晒得泥鳅一般黑的孩子们，一个接一个，跳到村头的河里，再不肯上岸，连头也用一片荷叶遮着。岸上的小路，被晒成了灰白色，蜿蜒着，朝绿的田野里伸去。

田野里的蟋蟀受不了这热，把家搬到了村子里的屋檐下面。“明月皎夜光，促织鸣东壁。”到了晚间，它便不停歇地鸣叫，像是在催促织机上的女主人不要停手，所以人们又叫它“促织”。

天刚放亮，促织不叫了，老鹰立即把小鹰轰了起来。“夏练三伏”，小暑正是学飞的大好时光。老鹰把小鹰带到悬崖上，突然折断了小鹰的翅膀，把它扔了下去。小鹰忍着剧痛，拼命拍打着翅膀。终于，它飞了起来。也有很多小鹰，就这么活活摔死了。不肯飞，又侥幸没摔死的，长大了，只能飞到房顶那

小暑之日，狗也懒得动，趴在树阴底下，吐着舌头喘气。总是把泥土刨得四处飞洒的母鸡，也像是呆了一般，木木地站在草垛底下，一动不动。晒得泥鳅一般黑的孩子们，跳到村头的河里，不肯上岸，连头也用一片荷叶遮着。

有的孩子偷偷砍上一竿青竹，再折上一根长长的韧性好的竹枝，把它弯成一个圆，头尾相接，插在竹竿的一端。然后举着，四处去寻找蜘蛛网，让蛛网一层层地缠在竹枝的圆圈上。等缠得多了，有了足够的黏性，就可以去捕蝉了。

么高，像一只母鸡。

“夏日多暖暖，树木有繁阴。”躺在槐树底下竹椅上的人，透过树叶的空隙，看到一只大鹰渐渐变成了一个小黑点，他丝毫没在意，刚刚发生了什么。他摇着芭蕉扇，慢悠悠地啜着手中的小茶壶，微微眯上了双眼。远处叫卖竹席、凉粉的小贩，懒懒的声音也越来越远了。头顶上，一只蝉突然大叫了起来，让人顿时满心的烦躁。

蝉的嘶鸣，引发了孩子们的注意。他们从屋后的竹园里，偷偷砍上一竿青竹，再折上一根长长的韧性好的竹枝，把它弯成一个圆，头尾相接，插在竹竿的一端。然后举着，四处去寻找蜘蛛网，让蛛网一层层地缠在竹枝的圆圈上。等缠得多了，变成厚厚一层，有了足够的黏性，就可以去捕蝉了。

蝉浑然不知，还待在树上大声叫呢。奇怪的捕蝉器，突然就从背后粘上了它。任它如何挣扎，再也无法逃脱。孩子们不知道，蝉在夏日的阳光下只能歌唱一个月，而为了这一个月，它曾在黑暗的地下生活了四年。庄子说：“蟪蛄不知春秋。”蟪蛄就是蝉。蝉的生命很短，但它也有自己的小欢乐。它的欢乐，甚至成为人们对于夏天最重要的记忆。

蝉捕来后，孩子们用一根线缚住它，让它飞起来，然而飞不高，只能在半空中兜着圈子。奶奶看到了，会立即走过来，念一声“阿弥陀佛”，让孩子们把蝉放掉。她说：小孩子玩闹可以，不能动杀机。要是由着性子来，等长大了，可不得了。

奶奶不知道的是，就在这闷热的暑气底下，秋天的肃杀之气正悄然滋生。这冰冷的气息，只有一些极其敏感的动物才知道。譬如蟋蟀，譬如蝉，譬如鹰。《诗经》上说："七月在野，八月在宇，九月在户，十月蟋蟀入我床下。"蟋蟀不停地搬家，不只是因为怕热，还因为它对深藏于地下的杀气特别的敏感。有人甚至说它是感杀气而生。然而小虫子不会像人那样，知道收敛心性，它听任这杀机在身上生长，终于变得好勇斗狠。

因为好斗，蟋蟀成了人们的玩物。"知有儿童捉促织，夜深篱落一灯明。"街头巷尾，闲汉们拿根草棍，趴在地上，额头上青筋暴绽，嘴里嘶嘶有声。瓦盆里蟋蟀咬成一团，难解难分。

历史上有两个人斗蟋蟀最有名。一个是唐玄宗。因为他的喜好，宫中的妃嫔们把玩蟋蟀变成一种时尚。她们用小金笼提着蟋蟀，晚上放在枕边听它吟唱，白天拍手看它搏杀。可是好景不长，"渔阳鼙鼓动地来，惊破霓裳羽衣曲。"赫赫帝王，最终落得晚年凄凄惨惨。另一个玩蟋蟀的好手是南宋太师贾似道。当他忙于创作历史上第一部玩蟋蟀专著《促织经》时，蒙古军已席卷而来。书成了，他人被杀，国也灭了。

"促织甚微细，哀音何动人。"人们在听到蟋蟀的鸣叫后，常常会为辛劳的织女感伤，哪知道，这其中还有着另外的悲哀与悔恨呢？

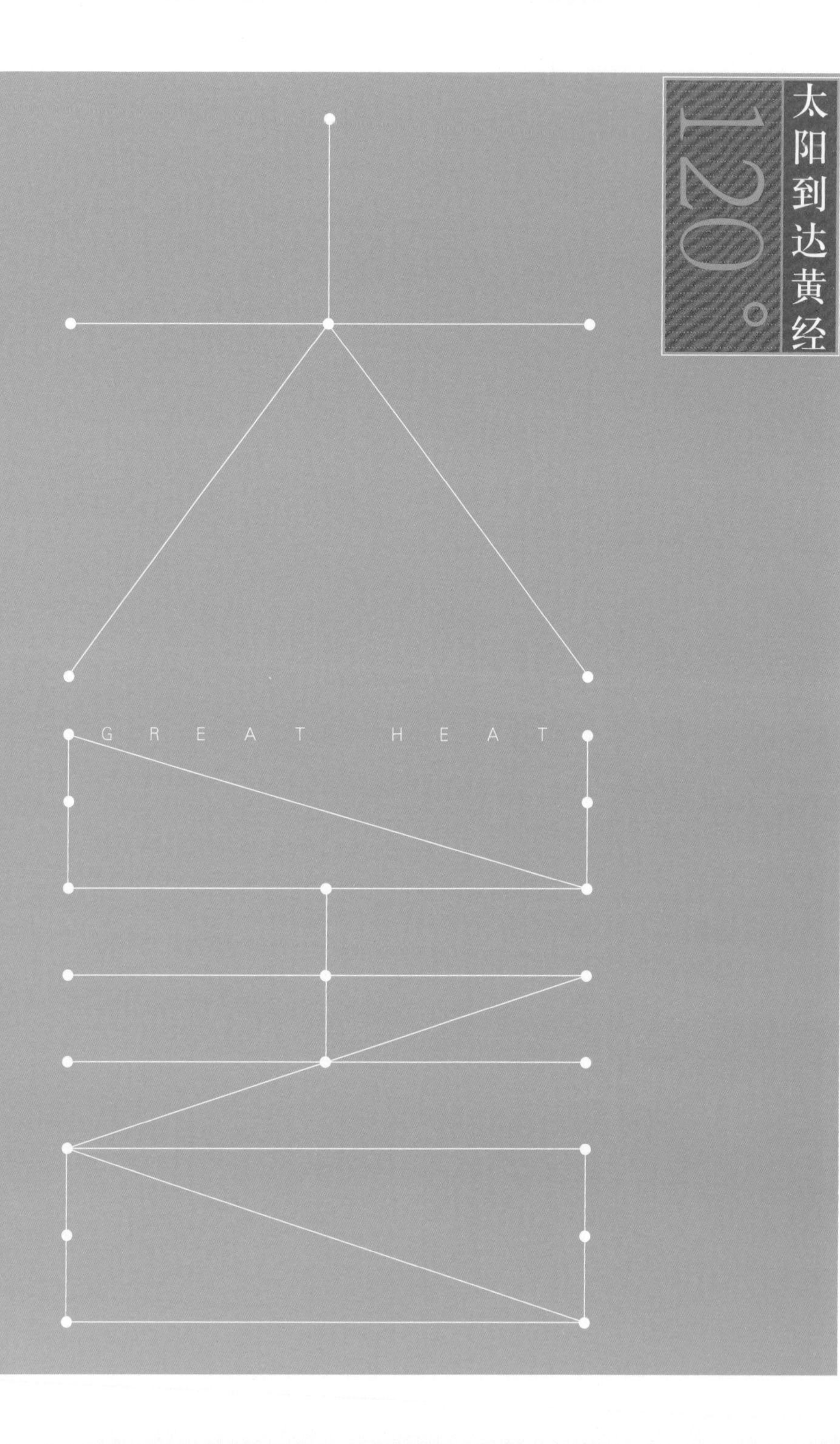
太阳到达黄经
120°
GREAT HEAT

大暑

大暑，每年阳历七月二十三日前后，太阳到达黄经120度，为大暑。一候腐草为萤，二候土润溽暑，三候大雨时行。

隋炀帝让人用大袋子捉来萤火虫，放飞在景华宫。到了晚上，满山谷的流萤闪烁飞舞，灿若星辰

大暑

大暑是一年中最热的时候。早早地，人们就乘着画舫或是摇着小船，躲到莲叶无边的荷花荡中，去避暑——吹着清风，扯着闲话，剥着莲蓬，听着远处的歌谣：“采莲南塘秋，莲花过人头。低头弄莲子，莲子清如水。”

当歌声渺不可闻了，听歌的人已醉倒在船头。“游罢睡一觉，觉来茶一瓯。”大半天的时光就这般懒懒地消磨了。中国人自古以来对于莲花，就有着一种痴狂的爱。宋朝的周敦颐爱它的“出淤泥而不染”；屈原甚至要用他来做自己的衣裳：“制芰荷以为衣兮，集芙蓉以为裳。”相当多的人，竟整日厮守着荷花，到天黑了也不回去。远处的画舫上渐渐亮起了灯火，几声箫鼓后，“杜丽娘”或是“崔莺莺”的吟唱便彻夜地随着波光上的萤火虫，袅袅地朝墨黑的天边飞去。

傍晚的池塘边上，聚集了三三两两的顽童。他们在鸭蛋壳上画上彩色的鱼，把捉来的萤火虫装在里面，提着它追逐厮打，呼喊嬉戏。也有大一些的学童，热得睡不着了，学“车胤囊萤”，用袋子装了许多萤火虫，

大暑时节，有人家会在井上铺上竹器，打个赤膊，摇一把芭蕉扇，到晚上，说几段狐仙鬼怪的故事，人人吓出一身冷汗。

大暑要是再遇上大旱，有村民给狗穿上衣服，戴上帽子，放在婴儿车上，推出来游乡求雨。

因为盛夏多疫病，一些地方有送『大暑船』的习俗。在大暑这一天，扎上一条真船一般的纸船，用木筏载着，敲锣打鼓，护送到出海口，一把火烧掉。

挂在书桌上，摆出要熬夜苦读的样子。

在夏夜用萤火虫营造气氛气魄最大的要算隋炀帝。他让人用大袋子捉来萤火虫，放飞在景华宫。到了晚上，满山谷的流萤闪烁飞舞，灿若星辰。

然而仅仅是玩闹并不能消暑，人们为了凉快可算是费尽了心机。有的官宦人家，在近水的花园里盖起一座凉亭，用水车把水引到凉亭的顶上，水流不停，在亭子的四周形成水帘，人在其中，自然是清凉惬意。有钱的人家呢，会在院子里搭起凉棚，在地下挖上几口井，再在井上铺上竹器，在这里聊天或是睡觉，快活得很。至于普通百姓，打个赤膊，摇一把芭蕉扇，到晚上，左邻右舍聚到一块，说几段狐仙鬼怪的故事，人人吓出一身冷汗，倒也自得其乐。

大暑要是再遇上大旱，人们就更要忙乱了。有的村子从庙里请出火神，用方桌抬出去游行，到哪家门口，哪家就要在火神的头上泼一盆冷水。还有村子是把泥做的龙王放到烈日底下去晒，等他受不了，自然会降下雨来。更令人吃惊的，竟有村民给狗穿上衣服，戴上帽子，放在婴儿车上，推出来游乡。人们看到这滑稽样子，都忍不住会哈哈大笑。“人笑狗就笑，狗笑天就阴，天阴就下雨。”——村民们这样说。

因为盛夏多疫病，一些地方有送“大暑船”的习俗。在大暑这一天，扎上一条真船一般的纸船，船上桌椅俨然，杯盏俱全。再把“五圣”请上船——也是纸扎的，五位瘟神。然后用木筏载着，敲锣打鼓，护送到出海口，一把火烧掉。这把瘟神和酷暑一起送走的场面是极其壮大的，动辄有十几万人参与。

如此忙碌，还是消除不了烈日底下人们的烦躁，于是人们又做起了吃仙人草当神仙的梦。民谚说：“六月大暑吃仙草，活如神仙不会老。”仙人草是一种只生在南方，有着淡淡甜味的草，能够清暑解热。《本草纲目》上说它能治丹毒。但毕竟不是仙草，吃了也成不了神仙。倒是庄子在《逍遥游》里，说到有这样一位仙子，不怕热。他说：在藐姑射之山上，有一位神人，她肌肤若冰雪，绰约若处子，即使金石都要熔化了，大山和土地都要烧焦了，她也不觉得热。因为她心里安定平静。

对于我们平常之人，大暑其实就是某一段艰难的困境。《大学》中说：“知止而后有定，定而后能静，静而后能安。”心静自然凉。人如果内心安定了，就不觉得艰难了。佛家说“戒、定、慧”，讲究“禅定”功夫，也是说这个道理。不过，要做到“定”，怕是很不容易。真要到那个境界，不用说炎炎酷暑，就是生老病死也不在话下了。

秋神名叫蓐收。蓐收左耳上盘着一条蛇，右肩上扛着一柄巨斧。蛇寓意着繁衍后代。肩上的巨斧，表明他还是一位刑罚之神。

春雨惊春清谷天
夏满芒夏暑相连
秋处露秋寒霜降
冬雪雪冬小大寒

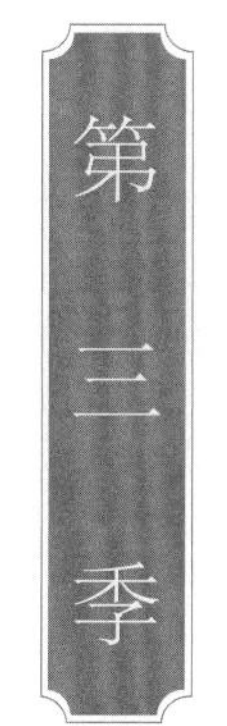

135° 太阳到达黄经

AUTUMN BEGINS

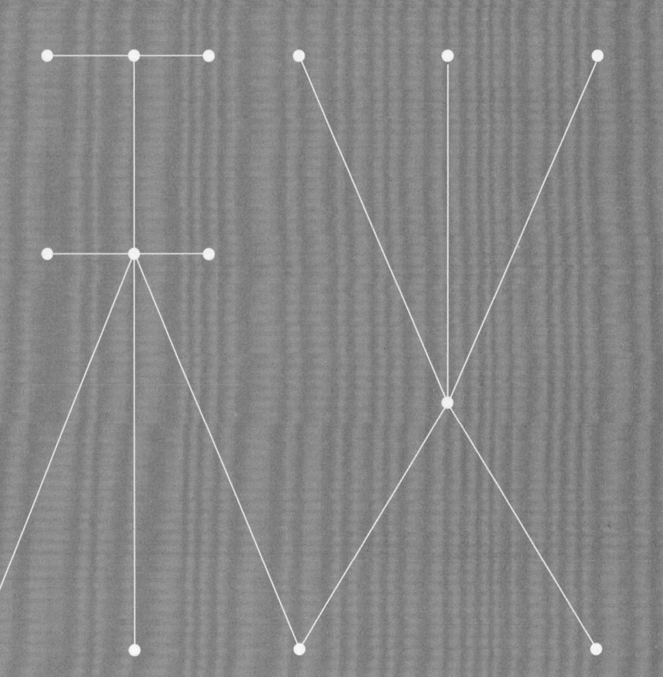

立秋

每年阳历八月七日前后，太阳到达黄经135度，为立秋。一候凉风至，二候白露生，三候寒蝉鸣。

在院子里栽上一棵梧桐树，不但能知岁，还可能引来凤凰

立秋

秋神名叫蓐收。蓐收左耳上盘着一条蛇，右肩上扛着一柄巨斧。《山海经》上说他住在能看到日落的泑山。

蓐收耳朵上的蛇寓意着繁衍后代，生生不息。《诗经·斯干》里说：“维虺维蛇，女子之祥。”如果梦到蛇，会生一个漂亮女儿。传说中的女娲是“人首蛇身”。“蛇身”不只是表示某种图腾崇拜，还指身材好，曲线玲珑，婀娜多姿。许仙痴迷的白娘子，就是白蛇幻变的美女。

蓐收肩上的巨斧，表明他还是一位刑罚之神。古时处决犯人，都是在立秋之后，叫秋后问斩。秋天有杀气。“悲哉秋之为气也，萧瑟兮草木摇落而变衰。”

所以蓐收到来的时候，总带有一股凉意。

对这凉意最为敏感的是梧桐。立秋一到，它便开始落叶。“梧桐一叶落，天下尽知秋。”《花镜》上说：此木能知岁。它每枝有十二片叶子，象征一年十二个月。如果闰月，就会多长出一片。梧桐在清明节开花，如果不开花，这年的冬天就会十分寒冷。在院子里栽上一棵梧桐树，不但能知岁，还可能引来

立秋这天，女孩会摘几片梧桐的叶子，剪成不同的花样，插在发髻上。妈妈会在孩子们的手心，每人放七粒赤豆，和着井水吞下。爸爸呢，去街上赶集，买鸡头菜。拿一张大荷叶包上，用红绳子系在腰间，哼着小曲回家。立秋要吃鸡头菜。奶奶前一天就开始忙了，又要摘地里的瓜，又要拿竹竿打树上的果子，还要把茄子蒸熟了，放在院子里晾干。等到立秋的晚上，边纳凉边吃。

凤凰。“凤凰鸣矣，于彼高冈。梧桐生矣，于彼朝阳。”凤凰非梧桐不栖。

所以，皇宫里是一定要栽梧桐树的。

立秋这天，太史官早早就守在了宫廷的中殿外面，眼睛紧紧盯着院子里的梧桐树。一阵风来，一片树叶离开枝头，太史官立即高声喊道：“秋来了。”于是一人接着一人，大声喊道“秋来了”、“秋来了”，秋来之声瞬时传遍宫城内外。不等回声消失，盔甲整齐的将士们护卫着皇帝蜂拥而出。他们要去郊外的狩猎场射猎。射猎有两重意思：一是表明自即日起，开始操练士兵；二是为秋神准备祭品。

一声号角，将士们扑进森林，由远而近，把麋、狐、兔、鹿驱赶出来，让皇帝用箭射。

在皇帝狩猎的同时，遥远乡村里的人们也忙碌了起来。爱美的女孩，会摘几片梧桐的叶子，剪成不同的花样，插在发髻上。顽皮的孩童正围着她们起哄，妈妈喊他们回家了。先洗手，然后伸出来，妈妈在他们的手心，每人放七粒赤豆，再递给他们一碗井水，让他们“咯崩咯崩”咬碎了豆子，和着井水吞下。据说吃了之后，不生痢疾。

爸爸呢，这天也要放下手里的活儿，去街上赶集。

最重要的事，是买鸡头菜。买好了，掺些麝香，拿一张大荷叶包上，用红绳子系在腰间，哼着小曲回家。立秋要吃鸡头菜。鸡头菜的学名叫芡，爆炒了吃，脆而爽口。《神农本草经》上说吃芡能让人耳目聪明。

奶奶前一天就开始忙了，又要摘地里的瓜，又要拿竹竿打树上的果子，还要把茄子蒸熟了，放在院子里晾干。等到立秋的晚上，大家都吃过饭了，她笑眯眯地，一样样端出来，让大人孩子，边纳凉边吃。吃剩了的桃核不能乱扔，要给奶奶。于是孩子们就一个一个，捧着满把的桃核给她。奶奶用手掀起围裙的两只角，让孩子们放进去。桃核要一直留到除夕的晚上，把它们投到炉灶的火里烧掉。这样就会不得感冒，免瘟疫。

《五灯会元》里记载说：“世尊于灵山会上，拈花示众。是时众皆默然，唯迦叶尊者破颜微笑。”佛祖于是将衣钵传给了迦叶。

小桃核牵连着的是大瘟疫，见一叶落而知天下秋。摩诃迦叶能从佛祖拈起的一朵金婆罗花中悟到普遍宇宙包含万有的佛法。以小明大、见微知著是一种大智慧。只能意会，不可言传。■

太阳到达黄经150°

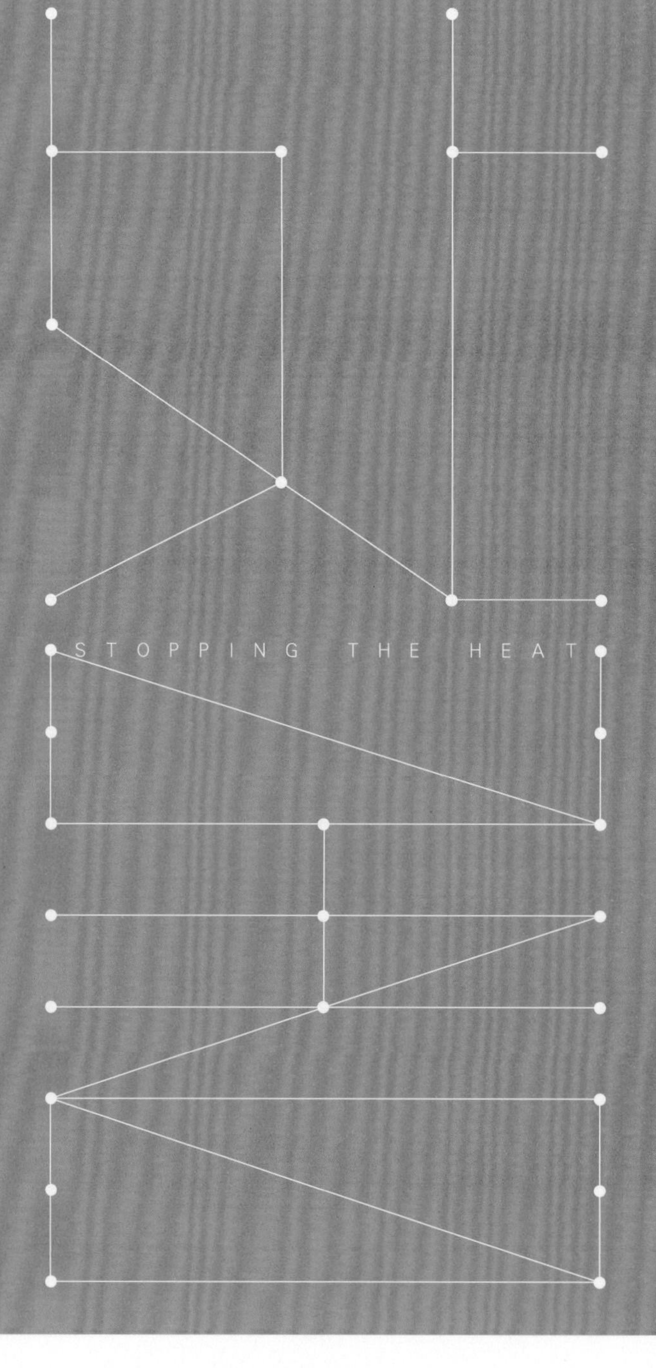

处暑

每年阳历八月二十三日前后，太阳到达黄经150度，为处暑。一候鹰乃祭鸟，二候天地始肃，三候禾乃登。

萝卜的种子毛茸茸的，像小虫。种下地去，要立即用土盖，不然就会或者被馋嘴的鸡一粒一粒捡着吃了

处暑 处暑这天有许多事要做。先要收麻。爸爸在前面砍，孩子跟在后面，一捧一捧地抱到院子里，堆起来。妈妈拿着一块铁片，把麻一缕缕刮下来。铁片薄薄的、弯弯的，像剖成了一半的竹筒。麻收好了，要翻地。翻地是爷爷的事。因为老牛最听他的话。“处暑萝卜白露菜”。翻好地，就可以种萝卜了。

放萝卜种子的竹篓挂在屋梁上，要爬上梯子才够得着。萝卜的种子毛茸茸的，像小虫。种下地去，要立即用土盖，不然就会被风吹走，或者被馋嘴的鸡一粒一粒捡着吃了。

这两件事做完，就可以“祭田神”了。孩子们抱来大捧的纸旗，喊叫着，狂奔着，在自家的田地里到处插上。大人们呢，在田间的十字路口，摆下瓜果蔬菜、鸡鸭鱼肉，向田神祷祝今年有个好的收成。

然而这只是热闹的开头。在处暑到白露的这十五天里，会碰上两个十分隆重的节日。一个是七夕，一个是中元。

农历七月初七，早上起来，就会发现，树上唧唧喳喳的喜鹊，全不见了。它们都飞去了天上，为牛郎织女搭桥相会。织女是玉帝

处暑先要收麻。爸爸在前面砍，孩子跟在后面，一捧一捧地抱到院子里，堆起来。妈妈拿着一块铁片，把麻一缕缕刮下来。麻收好了，要翻地。翻好地，就可以种萝卜了。萝卜的种子毛茸茸的，像小虫。种下地去，要立即用土盖，不然就会被风吹走，或者被馋嘴的鸡一粒一粒捡着吃了。

这两件事做完，就可以『祭田神』了。抱来大捧的纸旗，在田地里到处插上。再摆下瓜果蔬菜、鸡鸭鱼肉，向田神祷祝今年有个好的收成。

的孙女，负责纺织天上的彩云。七夕这天她会把最美的云彩拿出来。地上的姑娘们，也会在这天比美。她们一早就忙着采凤仙花，捣成红艳艳的汁，涂在指甲上，争奇斗艳。

织女是最心灵手巧的仙女。七夕这天因为跟牛郎会面，心情好，她会把巧甚至爱情赐给诚心向她祈求的人。人间乞巧有许多方法。

有些姑娘会盛一碗水，放在阳光底下晒一晒，然后向里面投下绣花针。如果针沉了，就得不到巧。如果不沉，就有。但是能得到多少巧呢？要看针投在水底的影子的图案。像花、像云，是多巧；如线、如锥，巧就少了。

江南的姐妹们常常是围坐在一盆清水的周围，摘了瓜蔓或是葡萄蔓上的嫩芽，一叶叶丢到水中。沉了，或是直直地躺在水面上的，就不巧。巧手投出的嫩芽，会像簪、像花、像钩，形象越美，这投芽的人，得到的巧就越多。

胆大一些的女孩，会抓一只蟢蛛，关在盒子里，到第二天起床，看它结的网是多是少，是密是疏。多而密，就得到巧了。

七夕的晚上，很多的少男少女迟迟不肯睡觉，他们躲在瓜架子下面，要偷听牛郎织女的情话。更多的是趁这样的夜晚彼此交心。“七月七日长生殿，夜半无人私语时。在天愿作比翼鸟，在地愿为连理枝。”

七夕过后七天，就是中元节。中元节是鬼节。地狱之门大开，鬼过年，纷纷回家与家人团聚。为了让他们认识回家的路，不要走错，人们就在河里点上各式各样的灯。家家户户安排了丰盛的酒席，摆上香烛，磕头，祭祀，用极其隆重的仪式迎接祖先。

然而也有亡灵享受不了子孙的美食。佛祖有个弟子叫目连，他的母亲在世时，为人不善，死后坠入饿鬼道。食物入口，就立即化为烈焰。目连为了救母亲，求教于佛祖。佛祖教他在七月十五做盂兰盆，摆上百味五果，供养十方大德高僧，以救其母。于是每年这一天，各村都会在村口搭起戏台，唱《目连救母》，请人和鬼来看戏。高僧们也开始“放焰口”，向四方施舍馒头、大米、水果，来解除有主或无主的亡灵们可能会遇到的痛苦。

街上的店铺这一天也要早早关门，把街道让给亡灵回家。街道的正中每过百步就摆一张香案，香案上供着新鲜的瓜果和专供他们享用的包子，桌子的后面站着请来的道士，他们唱着听不懂的歌谣，赞美所有经过此地的亡灵。名为“施歌儿”。

无论是普通百姓的“放河灯”、佛家的“放焰口”还是道家的“施歌儿”，都不是只超度某一户人家的祖先，而是对包括孤魂野鬼在内的所有亡灵进行祝福，让每一个灵魂都得到温暖。孟子曰：“老吾老以及人之老。”所以，中元节，又叫做“孝义节”。

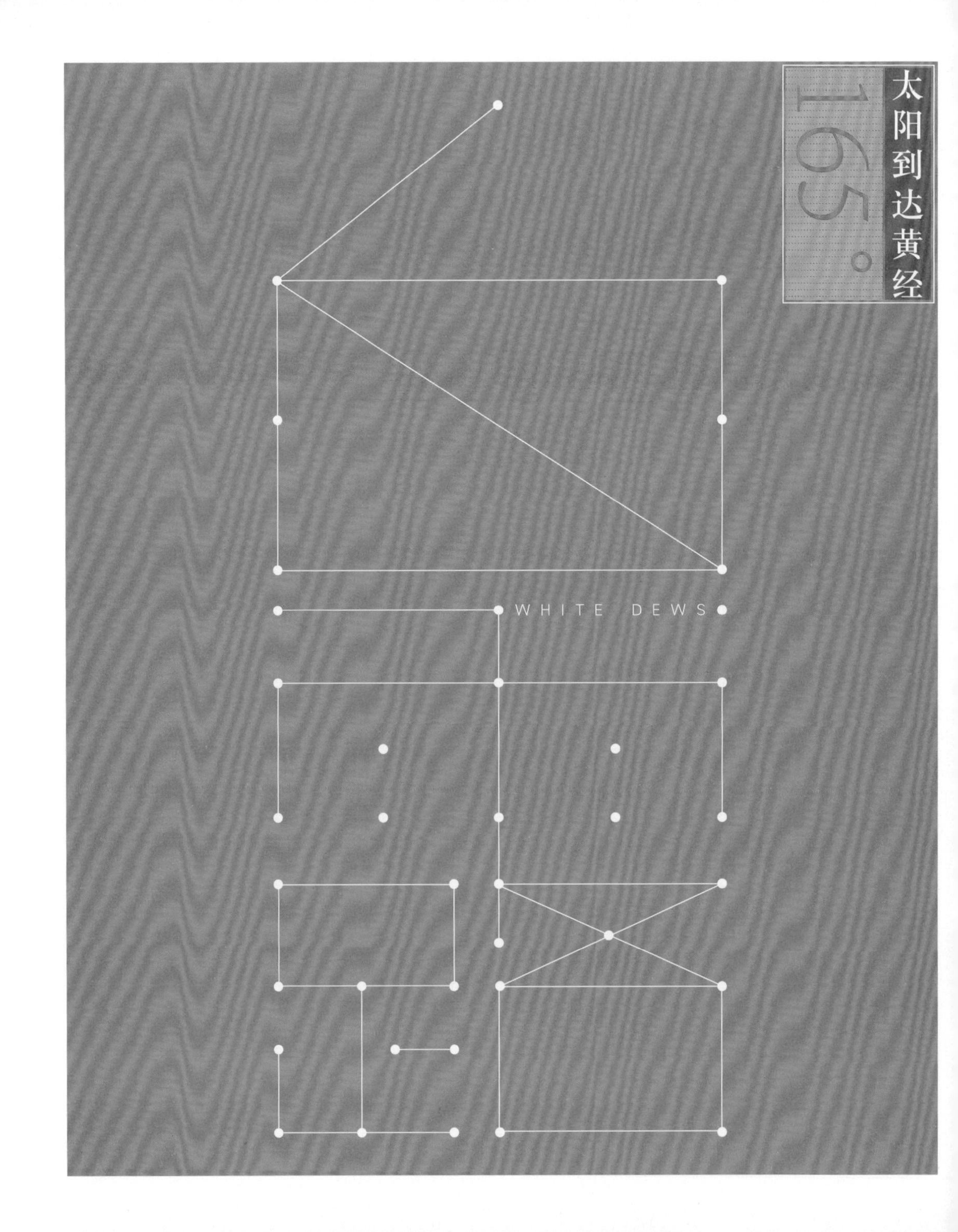
太阳到达黄经
165°
WHITE DEWS

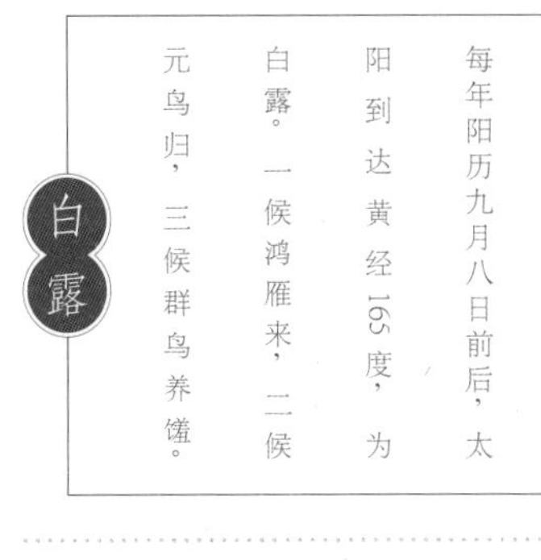

一早起来，院外的桂树上满是晶莹的露水。主人托着青瓷盘，细致地收取了，回去煎茶

白露 大雁归来，燕子南飞，鸟儿们开始收藏过冬的食物。微微带着些凉意的空气中，从早到晚都浮动着桂花的清香。秋意渐浓，已是白露时节。一早起来，院外的桂树上满是晶莹的露水。主人托着青瓷盘，细致地收取了，回去煎茶。《本草纲目》上说：露水“煎如饴，令人延年不饥。”古人甚至传言，露水可以让人长生不老。汉武帝曾为此在建章宫立了一个仙人承露盘。铜仙人有二十丈高，捧着铜盘玉杯，恭恭敬敬，承接天上的露水。

不同的露水有着不同的功效。柏叶或者菖蒲上的露水可以明目；韭菜叶上的露水能去白癜风；草叶上的露水，会使人的皮肤变得富有光泽；花朵上的露水，能让女子貌美如花。据说杨贵妃每天清晨都要吸食花瓣上的露水。

花枝上的露水，就更有神效了。《沪城岁时衢歌》上说：白露这天，人们把从花枝上收集到的露水，倒在砚台里，用古墨研匀，再用干净的毛笔蘸上墨，在孩童们的太阳穴上画一个圈，可以免除百病。

小时候的我，得了腮腺炎，到村口找老中医何先生。他就用毛笔在我的脸上涂两个黑黑

白露时节。一早起来，院外的桂树上满是晶莹的露水。主人托着青瓷盘，细致地收取了，回去煎茶。

鹤在白露节这天会对天鸣叫。鹤是长寿的象征。年画里那位有着长长额头的寿星老人，都是骑着鹤在天上飞来飞去的。

白露这天要留意家养的鹭鸶。鹭鸶平常总是按时归来。然而在白露这天，却会振翅飞去，一去不返。到底飞去了哪里，没有人知道。

的圈。不久，肿真就消了。不过我不知道，何先生的墨里，有没有掺和白露的露水。

更多的人收集了露水是来饮用的。陆羽《茶经》上说：煮茶的水，“用山水上，江水中，井水下”。《红楼梦》里的妙玉用梅花上的雪来煎茶。而最讲究的茶客，是用露水煮茶。

露水煮“白露茶”是一绝。

白露节采的茶，名为“白露茶”，香而醇，不同于春茶的嫩而弱，夏茶的涩而苦。煮茶的木柴要用桑树、槐树或者桐树，含油脂的树不能用，破旧的木器不能用，用了会有异味。水要三沸。三沸后就不要再煮了。煮好的茶倒在小壶里，壶小则香味不散。壶最好是宜兴的紫砂壶，紫砂才能真正体现出好茶的色香味。

白露这天，人们除了收集露水，还要酿米酒。据说这天酿出的米酒，色碧味醇，愈久愈香，并有个专门的名字，叫“白露米酒”。喝了会让人醉行千里而不醒。《水经注》里对此酒有所记载：“桂阳程乡有千里酒，饮之至家而醒。”

“白露米酒”是“白露节”必备的祭品。人们把新打下的粮食以及刚刚采摘的瓜果蔬菜，连同米酒，一起供奉在秋神蓐收的面前。上香，跪拜，感谢他给予了今年的好收成，同时祈祝来年五谷丰登。

祭神之后，全家人立即围着八仙桌坐好。在享用丰盛的大餐之前，儿孙们要给自家的老人送上早早备好的拐杖。拄了手杖的老人，鹤发童颜，行走在村子里，会得到不一样的尊重。

鹤在白露节这天会对天鸣叫。鹤长得仙风道骨，是长寿的象征。人们把长寿叫“鹤寿”、“鹤龄”；年龄太大了，老死了，叫“驾鹤西去”。年画里那位有着长长额头的寿星老人，都是骑着鹤在天上飞来飞去的。

白露这天要留意家养的鹭鸶。鹭鸶长得类似白鹤，性情温顺，眷恋故巢，平常总是按时归来。然而在白露这天，却会振翅飞去，一去不返。到底飞去了哪里，没有人知道。

鹭飞、鹤鸣、饮露，使得白露这一天有着特别的意义。人们把鹭鸶，看作与人有着某种默契的奇鸟，落寞的王禹偁说：“唯有鹭鸶知我意，时时翘足对船窗。”人们把修身洁行的名士，称为“鹤鸣之士”，把露水，视为品质高洁的象征。“朝饮木兰之坠露兮，夕餐秋菊之落英。”后来的人们，饮用露水，大多和屈原一样，其实都是表示一种超凡脱俗、遗世独立的态度。

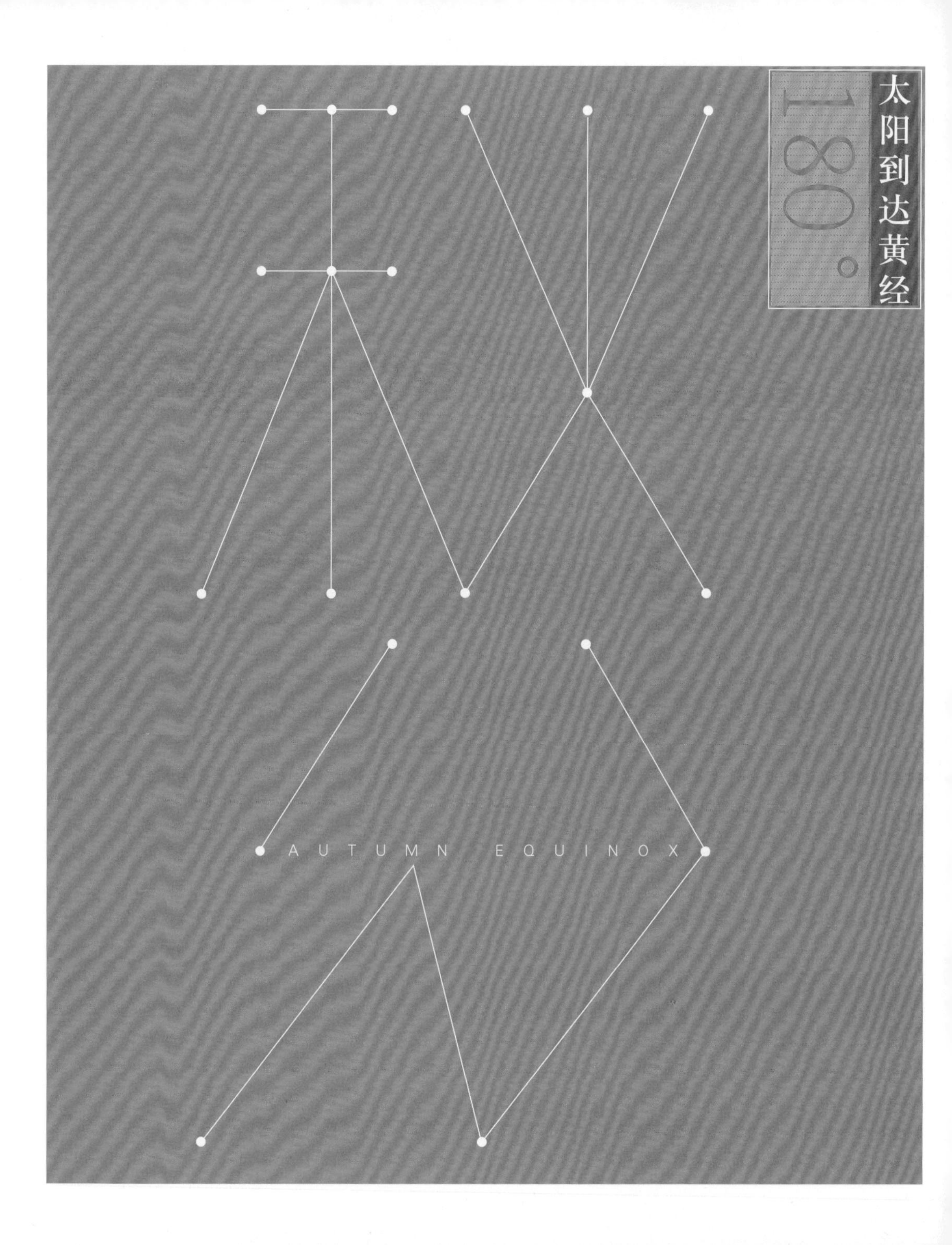

太阳到达黄经
180°
AUTUMN EQUINOX

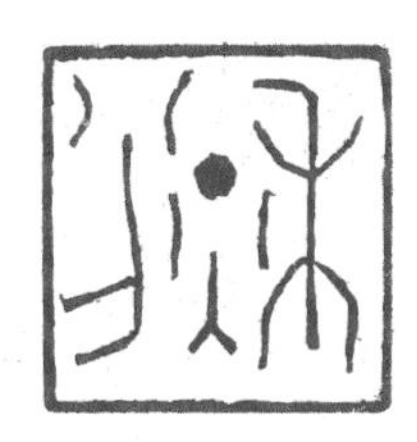

女孩子在拜月之时，都希望有一片云彩会从月亮的面前飘过，证明自己的美丽

秋分

古人认为，一年四季变换，寒暑交替，是因为天地间有着阴阳二气。《黄帝内经》上说：“阴阳者，天地之道也，万物之纲纪，变化之父母。”秋分这一天，正是阴阳交接、分割寒暑的日子。秋分的“分”是“半”的意思，秋天刚好过了一半。过了秋分，就不打雷了，小虫子也钻进了泥土，开始筑自己冬眠的窝。天地改由太阴星君月神掌管。所以秋分之夜，要祭月。《太常记》上说：秋分祭夜明于夕月坛。夜明就是月亮。

秋分之夜，在院子里月光最好的地方，供上香案，案上摆上瓜果和月饼。月饼形式多样，口味不一。我家乡的月饼有两种：一种是买的，小小的，外面是一层层脆皮，里面是甜得厉害的冰糖杏仁馅子；一种是自家做的，由发酵的面粉，在圆底的大锅里，用小火烘成。做成的饼，有脸盆大小。外表金黄香脆，里面甜软而有韧性。

祭品摆好之后，在香炉里点好香，对月跪拜。“羞花闭月”，是人们对美貌女子的形容。所以女孩子在拜月之时，都希望有一片云彩会从月亮的面前飘过，证明自己的美丽。

秋分之夜，人们在院子里月光最好的地方，供上香案，案上摆上瓜果和月饼。对月跪拜，祭月神。孩子们毫无睡意，拎着『兔儿灯』，在一家一家的门前游荡。人们几乎在秋分时的每一种食品中，都掺进了桂花。据说香桂的种子，就来自月宫那棵五百丈高的桂树。所以人们用摘得『桂冠』，表示获得了第一；用『折桂』比喻考试得中。

但是月亮不能躲在云层里太久，太久了，上了年纪的人就会惊慌，认为是天狗吃了月亮，不祥。他们会拿了铜锣边走边使劲地敲打，来惊吓天狗，让它吐出来。

拜月之后，一家人围坐在桌旁，开始分吃月饼。家中几人，就把月饼切成几份，要是有人远在外地，未能赶回，也要给他留上一份。边吃月饼边听老人讲“嫦娥奔月”的故事：嫦娥偷吃了西王母送给后羿的灵药，身子轻了，慢慢地飞了起来……

“嫦娥应悔偷灵药，碧海青天夜夜心。”孩子们对月宫里多愁寂寞的嫦娥没有太多兴趣，倒是对那只捣药的玉兔十分喜欢。因为他们手里都有一只照玉兔的样子、用泥做成的“兔儿爷”。“兔儿爷”，长着两只长耳朵，粉白的脸，戴着金盔，身披战袍，左手拿着盛药的臼，右手拿着捣药的杵，背上插着小旗，胯下骑着老虎，威风凛凛。

故事讲到深夜，大人们终于要睡了。可是祭品却不能收回，要一直摆放在院子里，直到月亮消失。然而这是危险的，因为四周潜伏着许多的顽童，他们就等着大人们睡去，好偷去桌上的月饼。孩子们在中秋之夜的偷盗行为，是不被指责的。

于是，皎皎月光下，孩子们毫无睡意，拎着“兔儿灯”，在一家一家的门前游荡着。一不小心，就听到大声的呼喊与杂沓的脚步——又是哪一个得手了。

这一晚，大部分孩子都有收获。他们会带着自己的战利品喜悦地进入梦乡。“偷月饼”只是为了暗示“嫦娥盗药”的一个游戏。事实上，第二天一早，妈妈就会按照月饼上不同的记号，笑容可掬地送还。

因为秋分在农历八月里，每年日期不同，有时看不到最好的月亮，慢慢地，人们就把祭月，固定在八月十五中秋节。秋分与中秋的关系也有讲究。如果秋分在中秋之前,就会五谷丰登,如果秋分在中秋之后呢，庄稼会歉收。

在母亲送还月饼的同时，对方会回赠桂花糕、桂花栗子，或者桂花糖芋艿。秋分桂花开。《清嘉录》上说：秋分节开者曰早桂，寒露节开者曰晚桂。人们喜欢桂花的味道，几乎在秋分时的每一种食品中，都掺进了桂花。据说香桂的种子，就来自月宫那棵五百丈高的桂树。所以人们用摘得“桂冠”，表示获得了第一；用“折桂”比喻考试得中。林黛玉听说贾宝玉要上学了，就笑道：“好，这一去，可定是要蟾宫折桂去了。”

秋分食桂花，又是一种含蓄的祝福。■

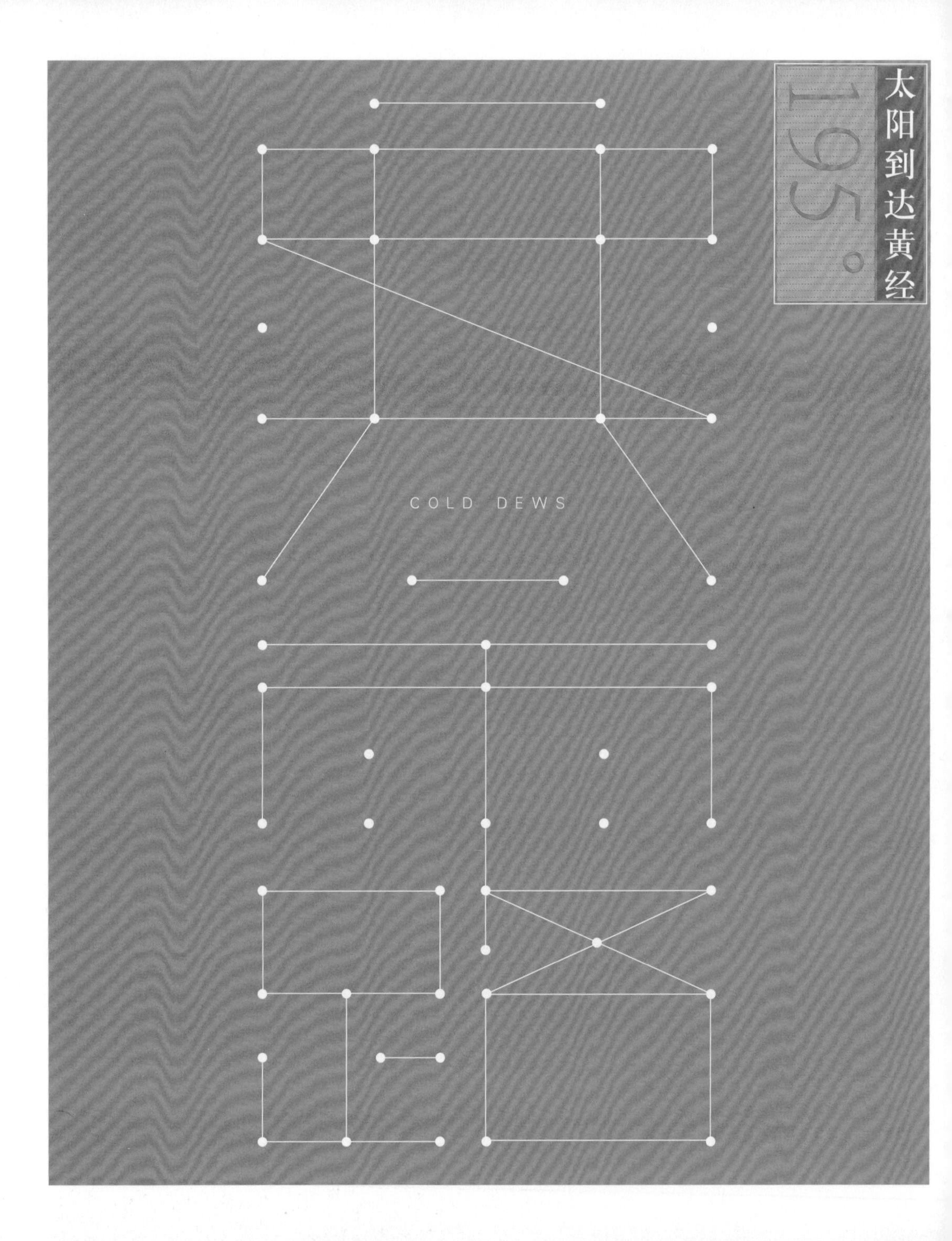
太阳到达黄经
195°
COLD DEWS

寒露

每年阳历十月八日前后，太阳到达黄经195度，为寒露。一候鸿雁来宾，二候雀入大水为蛤，三候菊有黄华。

隐士的门外竹篱边上、一定会种菊。你远远就会闻到这菊花的香味

寒露

寒露一到，最迟的鸿雁，也急急地从北方飞了过来。一两只失群孤雁的鸣叫，把一座又一座村庄从睡梦中惊醒。

奶奶拍拍围裙上柴草的碎叶，掀开锅盖——早饭已经烧好。“寒露种麦正当时。”吃过早饭，天还没有大亮，爷爷牵着牛走在前面，父亲扛着犁和轭跟着。妈妈肩上背着一袋子的麦种，手里拎着圆篓。孩子们舞着九齿的钉耙打打闹闹，蹦跳着往前。乡间小路上的草叶长得十分的茂密，上面浓浓的露水，很快就把孩子们的裤腿衣衫打湿了大片。妈妈在后面喊着，要他们当心：到了寒露节，露水落在身上太重了，会肚子疼。

太阳刚出来，田地里已经满是农人。耕地的、种麦的、耙土的、挖山芋的，忙忙碌碌。而最热闹的，是“筛花生”。

花生地的中央，用杉木的棒架起了一个一个的三脚架，每个支架上，都悬挂着一面硕大的长方形的筛子。筛花生是重体力活，所以要壮汉。一人推着筛子荡过去，再拉回来。对面的人跟着他的节奏，一锨一锨地，把混合着花生的泥土铲到筛中。铲土是有讲究的。

天还没有大亮，爷爷牵着牛走在前面，父亲扛着犁和轭跟着。妈妈肩上背着一袋子的麦种，手里拎着圆篓。孩子们舞着九齿的钉耙打打闹闹，蹦跳着往前。太阳刚出来，田地里已经满是农人。耕地的、种麦的、耙土的、挖山芋的，忙忙碌碌。而最热闹的，是『筛花生』。广阔的花生地里，数十个壮汉们打着号子。一人喊，众人和。担花生的女人们，赤着脚，卷着裤腿，用竹筐把筛好的花生，一担一担挑到晒场上。

不能深，不能浅。浅了，会铲碎花生；深了，会挖出过多的泥土。广阔的花生地里，数十个壮汉们打着号子。一人喊，众人和，一声接着一声，短促有力，如鼓点一般。

筛花生的号子纯粹是音节，没有明确的意思。而担花生的女人们，唱的就是动听的歌谣了。她们赤着脚，卷着裤腿，用竹筐把筛好的花生，一担一担地挑到晒场上。她们的歌是欢乐的、轻快的，却又如此的婉转动人：寒露后面是霜降，哥哥哥哥你别忙……

晒场是用碌碡刚刚碾成的，就在地头上。晒场边上用茅草盖了个“人”字形的小棚，夜里有人住在里面看守一场的花生。看场的大多是老人，肚里有很多稀奇古怪的故事。天已经大黑了，晚风从棚外吹进来，挂在棚顶横梁上的马灯轻轻摇晃着，我不肯回家，还赖着要听故事。

最会讲故事的还是村里的读书人。他们厌烦了城市的灯红酒绿，隐居乡间，日出而作，日落而息。人们称之为“隐士”。

隐士是外人不容易找到的。“只在此山中，云深不知处。”寻访隐士，最好是在寒露。“寒露菊花开。”隐士的门外竹篱边上，一定会种菊。你远远就会闻到这菊花的香味。

令人神往的隐士什么时代都有。听到尧请自己担任九州长，气得去颍水里洗耳的许由，隐居在箕山；反对武王伐纣，“不食周粟”的伯夷、叔齐隐居在首阳山；宁可被烧死，也不肯接受晋文公封赏的介子推，隐居在绵山。秦末有“商山四皓”，汉末有“南阳诸葛”。而最著名的隐士，是东晋的陶渊明。

陶渊明不肯为五斗米折腰，弃官归隐田园。在所有诗人当中，陶渊明恐怕是最爱菊花的了。一句“采菊东篱下，悠然见南山”，为他赢得了菊花之神的雅号。而菊花，也许又因了他的缘故，被人们称作“花之隐逸者也”，成为品格高洁的象征。

《周书》上说：寒露，后五日，雀入大水为蛤。古人看到黄雀千百成群地飞往大海，在海面上一番盘旋飞舞之后，消失了，不见了，然而不久，却在海里发现了与它们纹路相似的蚌蛤。于是认为黄雀变成了蚌蛤。“雀化为蛤”虽然只是古人的一种诗意想象，然而这一想象，却像是对“归隐田园”的一种隐喻。孟子说：“穷则独善其身，达则兼善天下。”隐居是化动为静，是坚守气节与保持尊严，也是对人生进行重新考量。

老子说：“不出户，知天下。不窥牖，见天道。”远离尘嚣，隐居田园，既是回到自然这一“外宇宙”，又是回归心灵的“内宇宙”。中国人相信，越是这样的人，就越接近于道，越能发现真我。

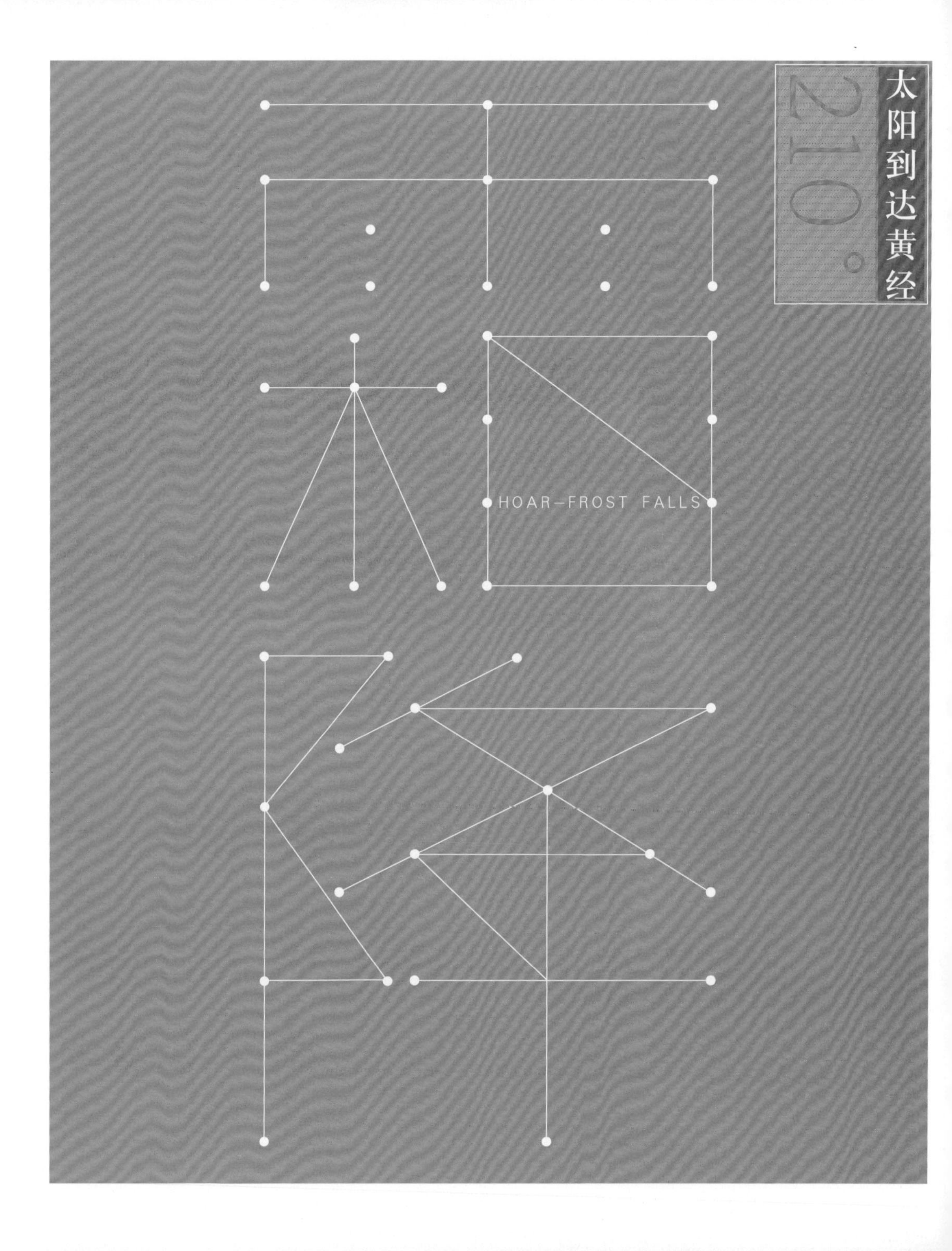

210°
太阳到达黄经
HOAR-FROST FALLS

霜降

每年阳历十月二十三日前后，太阳到达黄经210度，为霜降。一候豺乃祭兽，二候草木黄落，三候蛰虫咸俯。

林间的小道上，也铺满了落叶，使得每一声脚步，都像在与大地窃窃私语

霜降

人们喜欢用露水来表示秋色的深浅。刚入秋不久，草叶上的露水晶莹剔透，惹人怜爱，“玉阶生白露，夜久侵罗袜”。这时候的秋天，名为“白露”，透着年轻人诗意的缠绵。秋意渐浓，寒气加重，进入“寒露”，露水触手冰凉。此时的秋天，在落拓的诗人看来，一如人到中年：“壮年听雨客舟中，江阔云低，断雁叫西风。”再往后半个月，是“霜降”。“蒹葭苍苍，白露为霜”，大地如老人的两鬓，一片斑白——秋天的露水，竟形象地概括了人的一生。连曹操也发出这样的感慨：“对酒当歌，人生几何。譬如朝露，去日苦多。”

然而“霜降”，又是一年当中最美的时节。漫步于山野当中，抬起头来，层层叠叠的山林，显出不同层次的色彩。经过风霜后的林木，是那样的庄重、深沉和含蓄，甚至每一片树叶，都变得成熟而优雅。“霜叶红于二月花”，那种红，直往心里去，像火一样。

林间的小道上，也铺满了落叶，使得每一声脚步，都像在与大地窃窃私语。这一刻，你会觉得你与自然真正地融于一体了，你就

霜降时节，敏感的小虫小兽们，匆匆忙忙，往自己的小巢里搬运食物。在树林间一块平整的空地上，豺狼正把它捉来的野兽，一只一只，整齐地摆成一个正方形，然后对着天空，发出长长的嗥叫。这时候，你千万不要去打扰它。它在祭祀。它在祷告山神容忍它对更为弱小的兽类的捕杀。

是从泥土里长出的一棵树。历经风雨，饱经风霜。

“月落乌啼霜满天，江枫渔火对愁眠。”这样的秋色，让人的心中，不由自主地生出许多无奈与悲凉。对时节敏感的小虫小兽们，也匆匆忙忙，往自己的小巢里搬运食物。它们不愿意凌霜傲雪，跟严寒做什么争斗。它们只想把洞口堵起来，懒懒地睡一觉。一觉醒来，又是和和美美的春天。可是，有一些生物可不这么想。霜降之日，就是大动杀机之时。

你要是在霜降这一天，愿意再往树林的深处走走，你就可能看到这样一幅诡异而残酷的场景。《周书》上说：“霜降之日，豺乃祭兽。”在树林间一块平整的空地上，豺狼正把它捉来的野兽，一只一只，整齐地摆成一个正方形，然后对着天空，发出长长的嗥叫。这时候，你千万不要去打扰它。它在祭祀。它在祷告山神容忍它对更为弱小的兽类的捕杀。

与“豺祭兽”十分类似的，是在霜降这一天，人们将举行一场盛大的阅兵仪式，祭奠旗纛之神。纛是用鸟羽或者牛尾装饰的大旗。《太白阴经》上说：“大将中营建纛。天子六军，故用六纛。”旗纛是军魂，是主帅的象征。

霜降之日一早，一声炮响之后，一队一队的士兵，盔甲锃亮，旗帜鲜明，穿街而过，直奔演武厅。先祭旗纛之神。祭品是整猪整羊，十分的丰盛。祭祀时，主祭人要宣读祝文，祈祷旗神指引军士，勇猛前进，旗开得胜。祝词宣读完毕，行军礼，然后阅兵。

阅兵除了能看到变幻莫测的阵势外，还能看到惊险刺激的马术表演。骑手们往来驰骋，在马背上做出各种令人咋舌的花样。有“双燕绰水”、“枯松倒挂”；有“魁星踢斗”、“夜叉探海”；有“圯桥进履”、“踏梯望月”……古人大多选择在秋天讨伐敌寇，阅兵往往就是战前的操练，完了，就直奔战场。

仗不能多打，打多了，就是穷兵黩武，会国破家亡。可是不打仗，霜降也要阅兵。《周易》上说：“履霜，坚冰至。”霜既已降，很快就要结冰。要居安思危。阅兵，既是“不战而屈人之兵”的一种“吓阻”手段，也是提醒自己，不可懈怠。

于是，民间又有了这样的风俗——霜降前一天的晚上，人们会在枕头旁边，放几粒剥好的栗子，等到第二天凌晨一响炮响，立即取而食之。据说此时吃了栗子，会变得更加有力。

人们用这样一个横戈待旦、又蓄势待发的风俗，凝重地打发了秋天最后一个节气。

冬神名叫禺强，字玄冥。《山海经》上说他住在北海的一个岛上，长相比较怪异：人面鸟身，耳上挂着两条青蛇，脚踩两条会飞的红蛇。

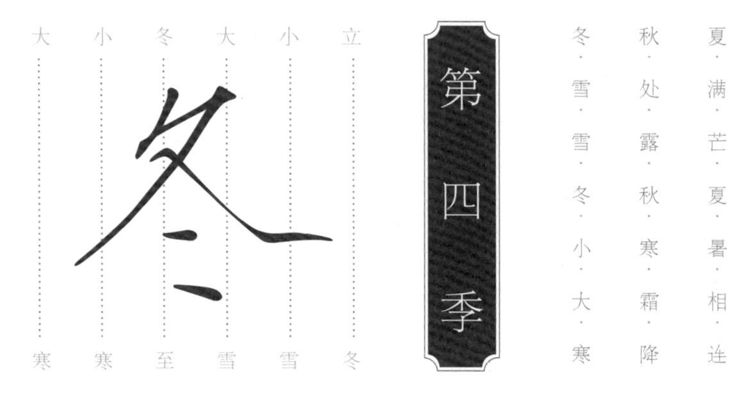

春·雨·惊·春·清·谷·天
夏·满·芒·夏·暑·相·连
秋·处·露·秋·寒·霜·降
冬·雪·雪·冬·小·大·寒
第四季
冬
立冬
小雪
大雪
冬至
小寒
大寒

太阳到达黄经225°

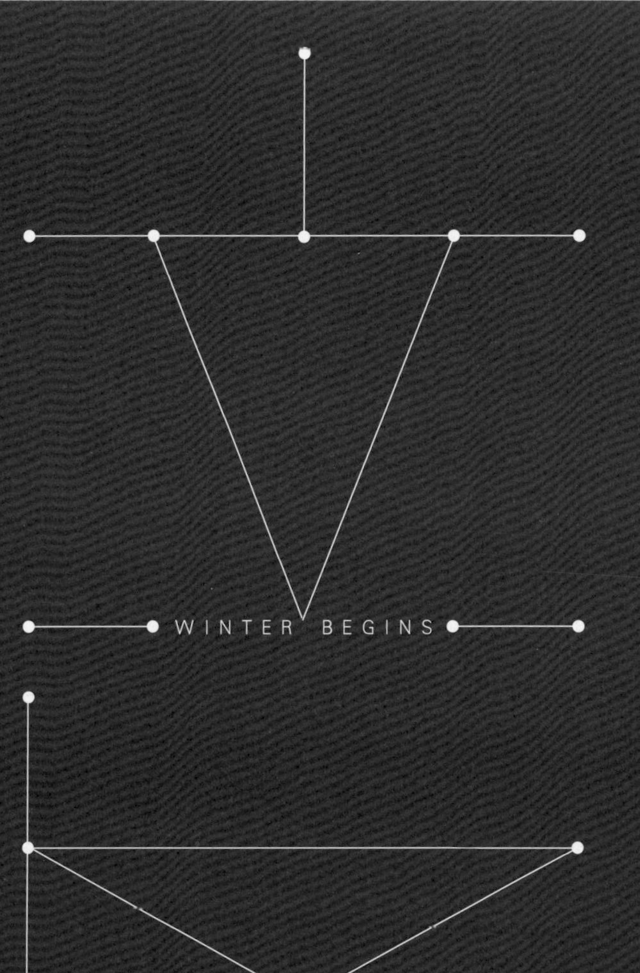

立冬

每年阳历十一月七日前后，太阳到达黄经225度，为立冬。一候水始冰，二候地始冻，三候雉入大水为蜃。

“冬”是“终”的意思，冬字下面的两点，表示水凝为冰

立冬 立冬这一天，天子要穿黑的衣服，骑铁色的马，带文武百官去北郊祭冬神。冬神名叫禺强，字玄冥。《山海经》上说他住在北海的一个岛上，长相比较怪异：人面鸟身，耳上挂着两条青蛇，脚踩两条会飞的红蛇。

祭祀冬神的场面十分宏大。《史记》上记载，汉朝时要有七十个童男童女一起唱《玄冥》之歌："玄冥陵阴，蛰虫盖臧……籍敛之时，掩收嘉穀。"意思是说，天冷了，要收藏好粮食。秋收冬藏。

"冬"是"终"的意思，《说文解字》上说："四时尽也。"冬字下面的两点，表示水凝为冰。立冬的第一个物候就是"水始冰"，河水才刚刚开始结冰，薄薄的，扔块石子就破了，不能上去玩。"冰冻三尺，非一日之寒。"其实离真正的寒冷还早。但这时候就要准备冬衣了。天子立冬开始穿皮袄，有时候也会赏赐给大臣。《中华古今注》里说："汉文帝以立冬日，赐宫侍承恩者及百官披袄子，多以五色绣罗为之，或以锦为之。"老百姓没法这样讲究，脱下身上的夹衣，在里面塞上厚厚一层棉花，抹抹平，用长针缝一缝，一样暖和。

立冬这一天，人们还惦记着生活在阴间的祖先。担心他们那边，天气也冷了，会受冻。所以，还要给他们准备衣裳。

立冬要吃"饺子"。烧好了，不要急着吃，要先敬土地神，感谢他在秋天里慷慨的给予。

土地公公和土地娘娘住在村头的小庙里。庙可实在小得厉害，才半人高。

立冬这一天，人们还惦记着生活在阴间的祖先。担心他们那边，天气也冷了，会受冻。所以，还要给他们准备衣裳。《帝京景物略》上说，有专门的纸坊，用五颜六色的纸，剪出一尺多长的男女不同的衣裳，叫寒衣。家里人买回去，在门口烧了，嘴里念叨着，请祖先来拿，叫送寒衣。也有人愿意做好事，在给自己先人烧纸衣的同时，会在旁边的空地上，给孤魂野鬼烧一点。无家的鬼是最可怜的。

立冬是秋与冬相交的日子，过年是两岁相交，都要吃“饺子”。其实也是辛苦一年了，找借口犒劳一下自己。揉饺子皮的面要好、白，而且要有韧性。不要怕花工夫，面要细细地揉，揉好了，切成均匀的小块，再用擀面杖压成薄薄的、圆圆的皮子。饺子馅也是十分讲究的。白菜要切得碎，肉要剁成肉泥。包饺子是一门艺术。看谁拙还是巧，就看他包的饺子。饺子下锅要三滚。等一个个露出透明的颜色了，在沸水的面上翻滚，就要立即用笊篱捞出来。笊篱要是竹子编的，不能是铁丝的，否则会伤了饺子的香味。捞出的饺子要一只一只摆放在洗得干净的筛子里。稍微晾一下，把水滴掉。不要急着吃，要先敬土地神，感谢他在秋天里慷慨的给予。

土地公公和土地娘娘住在村头的小庙里。庙可实在小得厉害，才半人高。当初，土地公公向玉帝询问："我的庙能盖多高？"玉帝说："你把箭射得多高，就盖多高。"土地公公有点贪心，把弓弦拉得太狠，断了，箭没射出去，就落了下来。于是，只好住这么一个小庙。

所以，到土地庙祭祀时，应该提醒自己，不可贪心。古代的皇帝，在立冬之后，也会召集管理工匠的官员，考察他们所制造的器物，是不是符合法度，有没有造出一些淫邪奇巧的东西，来动摇君主的心志。皇帝也担心自己受不了诱惑，管不住自己没完没了的贪心。

立冬之后，天地忽然就变得空旷了，山河大地，像是用线条勾勒的，简洁、朴素、悠远，人仿佛一下子站到了一个高处，突然看到了世间的真相。庄子在《大宗师》里说道："於讴闻之玄冥，玄冥闻之参寥。"玄冥的意思是深远空寂。"玄冥之境"，是古人追求的一种去除贪欲、自满自足的忘我境界。

人们把冬神称为"玄冥"，也许就是想用冬季的寒冷空寂来提醒我们，来于自然，归于自然，一切执著，皆是虚妄。■

太阳到达黄经 240°

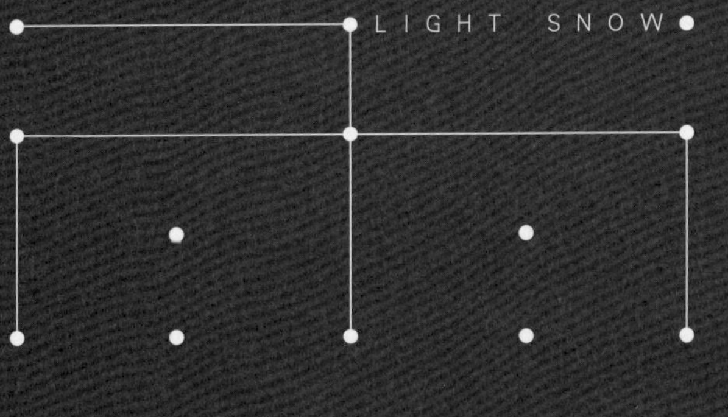

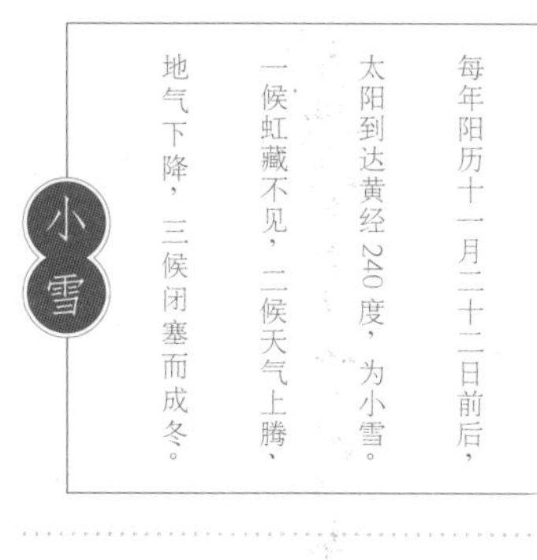

只有猫是安静的，蹲在屋檐的底下，无声地打量着乱纷纷的雪，一动不动，显得十分的矜持

小雪

冬天的第一场雪，总是让人很兴奋。孩子们追着雪乱跑，伸着手，等雪落在掌心，可是还没来得及看清它的样子，就化了。狗也高兴，跟在孩子们的后面，使劲地摇尾巴，跳着，汪汪直叫。只有猫是安静的，蹲在屋檐的底下，无声地打量着乱纷纷的雪，一动不动，显得十分的矜持。可是你如果靠近一点，就会看到它的眼睛随着雪花在转动，仿佛在等待时机，猛然伸出爪子，摘一片最好的。小雪时节的雪，落地即化，积不住。大人们根本就不在意它，连帽子都不带，该做什么就做什么，腌菜、打糍粑、酿酒、给每扇门挂起厚厚的棉帘……

小雪前一天，几乎所有的人家，都把地里的大青菜铲了起来，洗得干干净净，挂在院子外面的竹篱笆上。只是晾一晾，并不要晒得多干。到了小雪这一天，就要一棵棵收起来，用大竹筐挑到厨房。《真州竹枝词引》上说：“小雪后，人家腌菜，曰‘寒菜’。”腌寒菜要一只一人高的大缸，在缸里铺一层青菜，码一层盐，装到满满一缸了，人站上去踩实。先拿块木板盖住菜，两个人踏上去。最好是

小雪前一天，几乎所有的人家，都把地里的大青菜铲了起来，洗得干干净净，挂在院子外面的竹篱笆上。
只是晾一晾，并不要晒得多干。到了小雪这一天，就要一棵棵收起来，用大竹筐挑到厨房。
小雪除了腌寒菜，还要打糍粑。糯泥被做成一只一只的小团，经过一番搓揉，用木板压一压，立即便成了
光滑精美的糍粑了。
我最喜欢的是烤糍粑。

年轻的夫妇，不觉得累，手牵着手，哼着曲子，晃荡着、摇摆着，节奏分明，舞蹈一般。等压得实了，人跳出来，再抬一块大石头重重地压在上面。“寒菜”就算腌好了。

小雪除了腌寒菜，还要打糍粑。

打糍粑的场面是壮观而有诗意的。选上好的糯米，洗得干净了，滤了水，放到木甑里蒸。不能蒸过了，九分熟就行。起锅要两条壮汉，两旁提着木甑的耳朵，飞一般跑出去，兜头倒进老银杏下的大石臼里。倒下去，立即就要用木棍舂，要趁热。要选光光滑滑的枣木棍，粗细正好一握，这样的棍子趁手，使得上劲。杵的时候，棍子要举过头顶，“嗨”的一声，一棍狠狠杵下去。杵下去，不能停，立刻就要拔出来，慢半拍，就会被黏糊糊的糯米粘住。打糍粑的两个人要配合得好。先是你一杵，我一杵，杵杵都要打在同一个地方。打过一阵子了，就要一人杵，一人翻。时机和分寸都要自己把握，相机行事，不能提前商量。糯米饭要被杵舂得黏稠了，变成糯泥，用棍子挑起来，挑得很高，也不断，这才算好。

女子们早已在一排长凳上坐着，说笑着，等着糯泥放到长长的案板上。她们的手上粘了蜂蜡或者抹了茶油，案板上也洒了米粉，糯泥刚堆放过来，她们就飞快地把糯泥揪成一只一只的小团。小团经过一番搓揉，用木板压一压，立即便成了光滑精美的糍粑。

我最喜欢的是烤糍粑。拿一只火钳，夹着一只糍粑，反反复复地在明灭的炉火上烤。不要急。急了，外面烤焦了里面还没熟。等糍粑在火气的催促下表面慢慢隆起来了，变得金黄，像要滴下油来，才好。这时候，如果把表面捅破，就会冒出一股白气，露出里面雪白绵软的羹，让人直咽口水。烤好的糍粑，要在上面抹上糖再吃，最好是红糖。不要急着吃，会烫嘴。要等糍粑的热度把糖融化了，糖水渗进了金黄的皮子里，这时候，你再咬一口……

小雪的晚上，万籁俱寂，新醅的“十月白”酒已经烫好，红泥小火炉上，正烤着小小的糍粑，香气四溢。一阵风来，把门口的棉帘掀了一个间隙，细雪趁机洒落进来。雪珠打在屋瓦上，如小珠滚过玉盘，听雪的人，已经有了八分的醉意，还在喝——“门前六出花飞，樽前万事休提。”

小雪，是游子思乡的日子。■

太阳到达黄经255°

HEAVY SNOW

大雪

每年阳历十二月七日前后，太阳到达黄经255度，为大雪。一候鹖旦不鸣，二候虎始交，三候荔挺生。

显得有些可怜的，是缩头缩脑的小鸟。大地完全被雪盖住了，找不到一粒粮食

大雪

早晨起来，推开门一看，白茫茫一片，满世界都是冰雕玉砌，“忽如一夜春风来，千树万树梨花开”。美得令人眩目。墙角的几枝绿梅，几乎全被雪压住了，然而露在外面的梅枝上，却绽放出白中透绿的花萼，在雪的映衬下，显得十分的雅丽。

雪还在下着，孩子们已经跑到了广阔的原野里。他们堆雪人、滚雪球、打雪仗，狂奔不已，一点不在意打破这雪国的静美。跑得热了，摇一摇旁边树上的雪，随手就把红棉袄挂在树桠上，继续去疯。

显得有些可怜的，是缩头缩脑的小鸟。大地完全被雪盖住了，找不到一粒粮食，连小巢里也落进了雪，冷得厉害。它们要么躲在檐角避风，要么站在枝头发呆，全没有了往日的活泼劲。然而奇怪的是，最怕冷的寒号鸟倒不叫了。

“大雪”节气的第一个物候就是“鹖旦不鸣”。鹖旦就是寒号鸟。《礼记》上说鹖旦是“夜鸣求旦之鸟”。半夜里就号叫着，希望天早点亮，它怕冷。这真是一种行为怪异的小东西。它睡觉时倒悬在空中。夏天身上的毛倒很丰

雪还在下着，孩子们已经跑到了广阔的原野里。他们堆雪人、滚雪球、打雪仗，狂奔不已，一点不在意打破这雪国的静美。跑得热了，摇一摇旁边树上的雪，随手就把红棉袄挂在树桠上，继续去疯。

有人在雪地上支起一面筛子。牵着绳子，远远地躲在一棵树的后面，等小鸟受不了诱惑，到这筛子底来吃麦粒了，就猛地一拉，罩住它。

满，边飞边叫“凤凰不如我”。到了冬天呢，毛却掉光了，裸着身体，叫声就变成了“得过且过”。李时珍在《本草纲目》里介绍说：“寒号虫即鹖旦”，“其屎名五灵脂”。五灵脂可以治小儿蛔虫，或者被蜈蚣、蛇、蝎子等毒物咬了，用它一抹，立刻就好。虽然有这点用处，但还是很少有人会喜欢它。据说它既不是虫也不是鸟，而是一种会飞的老鼠，像蝙蝠。

我从小就不喜欢蝙蝠，有点害怕，从来不去招惹它们。但很想捕几只鸟儿来玩，下大雪正是个好机会。在四下无人的雪地里扫出一块空地，洒一把麦子，再用绳子绑住两根交叉的小棍，在空地上支起一面筛子。绳子要长，我就牵着绳子，远远地躲在一棵树的后面，等小鸟受不了诱惑，到这筛子底来吃麦粒了，就猛地一拉，罩住它。我试过好几次，可惜没有一次成功。鸟儿早就看穿了我的把戏。

捉不到鸟儿，却有意外的发现。就在这扫出的空地上，有一种小草竟在大雪天长出芽来。《周书》上说：大雪后，荔挺生。荔挺形状像菖蒲，但比它要小，而且早生。根可以做刷子。《颜氏家训》上说：“荔挺不出，则国多火灾。”所以，看到这雪下的草芽，也是一件好事。

“独钓寒江雪”、“风雪夜归人”、“大雪满弓刀”，在文人看来，这漫天飞舞的，是诗情与诗意。大雪对于文人，有着特别的意义。他们用“冰雪”来形容女子的聪明，用“冰魂雪魄”，来表示一个人品质的高尚。东晋的王徽之，雪夜乘一条小船去访戴安道，到了半路，又掉头回来。船家觉得奇怪，他说：“乘兴而来，兴尽而返，何必见戴。”这是赏雪之风度。大雪三日，西湖中人鸟俱绝。明人张岱乘舟去湖心亭看雪，到亭上，竟遇到两位金陵客人正对坐饮酒。船家喃喃曰：“莫说相公痴，更有痴似相公者。”这是赏雪之痴。

对于农家来说，大雪另有一番意义。忙了一年，终于可以收起农具，歇上一阵子了，可心里还是惦记着收成。下雪了，就好了，越大越好。“瑞雪兆丰年。”而且，他们不只想到来年的收成，他们还在考虑孩子以后的出息。所以，大雪之时，他们都会跟孩子讲“孙康映雪”的故事。他们在自家的窗前，堆一堆雪，把晚上的月光，映到屋里的书桌上，让孩子借着这光亮读书。“书中自有千钟粟”。大雪，就是他们对美好未来的向往。■

太阳到达黄经

270°

WINTER SOLSTICE

冬至

每年阳历十二月二十二日前后，太阳到达黄经270度，为冬至。一候蚯蚓结，二候麋角解，三候水泉动。

女孩子们填花不用毛笔，每天晨起梳妆的时候，随手抹点胭脂

冬至

“一九二九不出手，三九四九冰上走……”冬至一早，天才刚亮，孩子们就在院子里围成圈，拍着手唱了起来。姐姐推开楼上的窗子，含着笑看他们闹。等他们唱完《九九歌》，跑散了，转过身来，在妆台上铺上宣纸，提笔画了一枝素梅。数一数，正好九九八十一瓣。画好了，就贴在木格的窗上做窗纸。每瓣花的中间都是空的，不能一下子填满。冬至开始进入数九寒冬。每天填一瓣，等所有的花瓣都填满了，就是九九艳阳天。填梅花还有讲究。如果是晴天，就填下面一半，阴天呢，填上面，刮风填左边，下雨填右边，雪天就填中间。女孩子们填花不用毛笔，每天晨起梳妆的时候，随手抹点胭脂。八十一日之后，梅花就变成了一枝轻暖明媚的春杏了。一幅《九九消寒图》，可以诗意地打发掉漫漫长冬。

“冬至大似年。”冬至这一天，每个人都很忙。奶奶一早起来就在揉面，剁馅，做馄饨。馄饨既像元宝又像耳朵，与“浑沌”谐音，有着糊涂不开窍的意思。冬至吃了馄饨，会让人变得明白聪明，并且不会冻耳朵。《燕

冬至一早，天才刚亮，孩子们就在院子里围成圈，拍着手唱了起来。姐姐推开楼上的窗子，含着笑看他们闹。等他们唱完《九九歌》，跑散了，转过身来，在妆台上铺上宣纸，提笔画了一枝素梅。数一数，正好九九八十一瓣。画好了，就贴在木格的窗上做窗纸。每瓣花的中间都是空的，不能一下子填满。冬至开始进入数九寒冬。每天填一瓣，等所有的花瓣都填满了，就是九九艳阳天。

京岁时记》说："夫馄饨之形，有如鸡卵，颇似天地浑沌之象，故于冬至日食之。"小小馄饨还象征着天地，所以家家户户都用它来祭祖。

每家堂屋的中央，都有一个叫做"家主"的案台，上面供着一块块祖先的牌位。牌位是木刻的小小的墓碑。上面用毛笔写着去世的祖先的名字。祭祖前，先在牌位前摆上案桌，布好酒菜，端上数碗冒着热气的馄饨。筷子就插在碗的上面。热气一阵阵飘向牌位，表明祖先正在享用。然后烧纸钱，跪拜。

祭祖之后，母亲要给爷爷奶奶送上自己缝制的鞋袜。叫冬至"履长"。《太平御览》上说："近古妇人，常以冬至日上履袜于舅姑，践长至之义也。"履长，有着为长辈添寿的意思。

平常的时候，都得长辈先动了筷子，孩子们才能吃饭。然而冬至敬过祖先的馄饨，会先给孩子吃，吃了，他们的书会读得好。吃过饭后，父亲就要去为孩子聘请私塾先生了。冬至是聘订塾师的日子。顽童们从此开始受管束、上规矩。玉不琢，不成器。人不学，不知义。孩子已经上学了的，冬至就要隆重地宴请先生，有些地方，还要给先生送豆腐，并把冬至称作"豆腐节"，表示对老师的敬重。

乡间忙着祭祖、履长、隆师之时，朝廷也正忙着祭天。《清稗类钞》上说："每岁冬至，太常侍预先知照各衙门，皇上亲诣圜丘，举行郊天大祭。"元、明、清代的郊祀，都在北京南郊的天坛举行。

古人之所以对冬至如此重视，是因为冬至这一天，白昼最短，黑夜最长，阴森的寒气已经到达极盛的顶点。然而就在这极阴之中，阳气已生。自此之后，白昼渐长，黑夜渐短。《礼记》上说：“日短至，阴阳争。”冬至，正是天地浑沌、阴阳相争的关键时刻，四时的变化，将全部由此发动。其他时节的排定，也多以冬至为依据——《淮南子》上说“距日冬至四十六日而立春”；《荆楚岁时记》上说“去冬节一百五日，即有疾风甚雨，谓之寒食”。

冬至在《周易》中反映在“复卦”，下震上坤。雷在地中，阳在阴中。此时阳气还很微弱，要扶助，不能伤害。所以“复卦”上说：“先王以至日闭关，商旅不行。”《后汉书》上也说：“冬至前后，君子安身静体。”意思都是说要静养，不要兴师动众，以免扰乱了天地阴阳的变化。阴阳之气，驱动四时变化，万物生长，很强大。可是人们的举动，对它也有反作用力。扰乱它了，就会受到严厉的惩罚。《淮南子》上说：“十月失政，四月草木不实；十一月失政，五月下雹霜。”失政，就是不顺天时，逆天而动。《礼记》上也说：如果仲冬实行夏天的政令，国家就会大旱；如果实行秋天的政令，就会发生战争。

在冬至，古人反复强调，不要扰乱自然，才能长居久安。■

太阳到达黄经285°

SLIGHT COLD

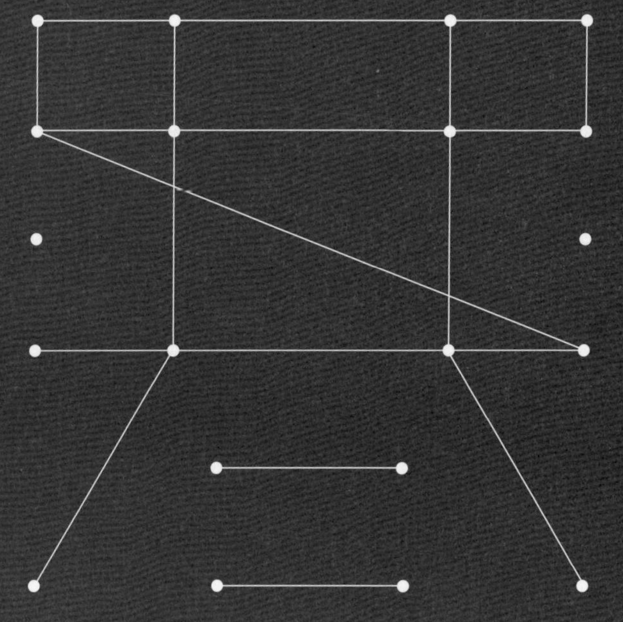

小寒

每年阳历一月五日前后，太阳到达黄经285度，为小寒。一候雁北乡，二候鹊始巢，三候雉始雊。花信风为：一候梅花，二候茶花，三候水仙。

花儿们次第开放的时候，隐约就听到腊鼓的声音了。小寒近腊日

小寒

在花开的前一天，会有风先来报信。《吕氏春秋》上说：“风不信，则其花不成。”风是守信的，到时必来，所以叫花信风。花信风从小寒开始吹，有二十四番。小寒到谷雨，四个月，八个节气，二十四候。每个候对应着一个花信风。小寒有三候：一候梅花，二候山茶，三候水仙。都是中国人喜欢的花。

梅花冷艳逼人，且有傲骨，最得文人雅士的欢心。王冕因梅成痴，林逋以梅为妻。宫中的美女爱在额头上画“梅花妆”，知心的好友拿它当礼品：“江南无所有，聊赠一枝春。”以梅喻人，是对人最好的赞誉。山茶呢，隆冬盛开，花期漫长，颇有越挫越勇的风骨，所以李渔说它：“具松柏之骨，挟桃李之姿。”而开在小寒最后五天的水仙花，飘逸无俗气，黄庭坚称它为“凌波仙子”。唐明皇曾用金玉七宝制作盆子，装了红水仙，赐给“却嫌脂粉污颜色”的虢国夫人。

花儿们次第开放的时候，隐约就听到腊鼓的声音了。小寒近腊日。农历十二月初八，腊八节，村里的人们敲起细腰鼓，戴上奇怪的帽子，扮作金刚力士的模样，驱逐瘟疫。

小寒时节，河面上也热闹了起来。有随便溜达的，有用带鬃的猪皮包在脚上飞一般滑行的。更有考究的人，在椅子的脚上，加两根横杆，包上铁皮，坐上去。有人在后面猛地一推，一声怪叫，椅子立即远远地滑开去。玩『打不死』的高手也汇聚到了一起。小的孩子玩滚铁环、踢毽子、跳皮筋，大一些的男孩另有自己的玩法。他们聚到一起，找一块大空地『斗鸡』。

腊八节的由来众说纷纭。有说与张三丰有关，有说跟朱元璋有关。但流传最广的，还是和释迦牟尼有关。每年的腊八节，大的寺庙都设七宝五味粥，布施四方众生。老百姓在这一天，也家家煮粥。周密在《武林旧事》里记载说："腊八粥，用胡桃、松子、乳蕈、柿、栗之类为之。"我们乡间煮腊八粥，是把大米、黄米、小米、糯米、赤豆，和在一起，先用旺火烧开，再用文火慢慢煎，等粥变得绵软了，再加上花生、银杏、桂圆、红枣、莲子、栗子、葡萄干，添一把火，烧开就行了。大人吃了，能畅胃气、生津液，孩子吃了呢，不会得"小儿惊风"。

腊八这天晚上，还有一个重要的仪式。到厨房里拿两颗辣椒，悄悄到井的边上，躺下来。如果这时候有人跟你说话，不要理他，一句话也不要说，把手中的辣椒扔到井里，然后再悄悄地回来。这样一年不会有瘟疫。

小寒时节，天越来越冷，屋檐上垂下的冰凌，都要碰到头了。顽皮的孩子一把扯来下，当剑舞，不管会不会扯下屋上的茅草。河面上也热闹了起来。有随便溜达的，有用带鬃的猪皮包在脚上飞一般滑行的。更有考究的人，在椅子的脚上，加两根横杆，包上铁皮，坐上去。有人在后面猛地一推，一声怪叫，椅子立即远远地滑开去。玩"打不死"的高手也汇聚到了一起。"打不死"

是磨成了锥形的一块石头，旋一下，让它在冰上转，然后拿长长的皮鞭狠狠地抽。它有时候会跳起来，甚至还会在空中翻一个跟头，落下来，继续转。

小的孩子玩滚铁环、踢毽子、跳皮筋，大一些的男孩另有自己的玩法。他们聚到一起，找一块大空地“斗鸡”。“斗鸡”要分两队，一队七八人，人人双手抱一条腿，用另一条腿独立着跳跃往前，捉对儿厮杀。谁松手了，双脚着地，就败了，站到旁边，不许再上场。一个队的人全被斗下来，就输了。每个人都曾有过最得意的时候。少年的我，曾经一口气斗倒七个同龄伙伴。

在孩子们玩闹的同时，大人们也没闲着。《梦粱录》上说他们三五成群，装扮成神鬼、判官，挨家挨户，敲锣打鼓。《清嘉录》上也说：一些人穿戴上残破的盔甲，装作钟馗，沿门跳舞驱逐小鬼。漂亮的雉鸟也飞过来凑热闹，随着人们的笑声发出阵阵欢鸣。喜鹊四处寻找着枯枝，开始在树桠里筑巢孵蛋。

喜鹊筑巢、雉鸟欢鸣，表示霜雪满天的小寒已透出了春的生机。腊八的井水可以阻止瘟疫，小寒时节的第一缕风会送来花开的信息。在古人看来，它们都是有意识的，它们各有各的使命，并且息息相通。■

太阳到达黄经300°

GREAT COLD

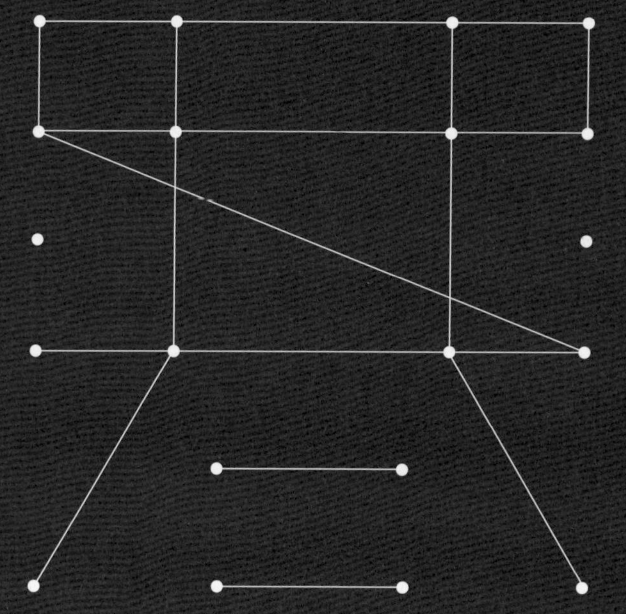

大寒

每年阳历一月二十日前后，太阳到达黄经300度，为大寒。一候鸡始乳，二候鸷鸟厉疾，三候水泽腹坚。花信风为：一候瑞香，二候兰花，三候山矾。

大寒时不仅要贮冰，还要藏雪。把雪密封在罐子里，藏在阴凉处

万事如意

大寒

天寒地冻，母鸡忽然变得浑身滚烫，羽毛蓬松，“咕咕咕”地叫个不停，烦躁地走上几圈后，跳进了鸡窝，再也不肯出来。母亲点上油灯，对着鸡蛋一个个看，里面有阴影的，就放到母鸡的身子底下，让它孵。七天之后，把蛋一个一个拿出来，放到温水里，浮着的是好的，能接着孵，沉在水里的，就不行了。《周书》上说：“大寒之日，鸡始乳。”鸡开始孵卵，表示大寒到了。

大寒一个很重要的物候是“水泽腹坚”，河里的冰结得又厚又坚实。冰可以采集了，藏在冰窖里，留着夏天用。《周礼》上记载：古代设有专门掌管冰政的官员，叫“凌人”，并给他配了八十多个手下。在大寒的时候，凌人主持斩伐冰块。冰块要贮藏够夏天用的三倍，因为到时有三分之二的会融化掉。明清时，由太监主持采冰，冰就藏在北京安定门和崇文门外山阴处的地窖里。民间也采冰。冬天把水放到空阔的田地里，等到大寒，结成冰了，再把冰切割成块，拖运到冰窖里。《元和县志》上说：苏州葑门外，设有二十四座藏冰的冰窖，象征着一年二十四个节气。

大寒后，集市上铺满了年画、春联、糖果、爆竹，人头攒动，一派喜庆。剃头匠夹着包裹，挨家挨户理发。卖香烛的师傅也挑着担子走了过来。豆腐店里忙得团团转。最忙的是村里写得一手好字的教书先生，孩子们不断地送来红纸，请他写春联。有人把裁缝请来了家里。有人喊了屠夫，杀猪宰羊。村前的池塘里，人们砸了冰块，一个一个跳到水里捉鱼。村子的上空，整天都飘着炊烟，每户人家都在大锅上架起了蒸笼蒸馒头。

大寒时不仅要贮冰，还要藏雪。把雪密封在罐子里，藏在阴凉处。到第二年夏天，化了雪水，煎茶，或者烧菜。雪水烧的菜，蚊蝇不敢来叮。大寒时榨的豆油或是菜油，叫“腊油”。春天用它点灯，放在蚕室里，小虫子就不会飞进来骚扰蚕宝宝。

大寒之后，年味越来越浓。集市上铺满了年画、春联、糖果、爆竹，人头攒动，一派喜庆。剃头匠夹着包裹，挨家挨户理发，让每个人变得清清爽爽。卖香烛的师傅也挑着担子一颠一晃地走了过来，远远就闻到浓浓的檀香味。最让我好奇的是一种大盘香，挂在屋梁上，一圈一圈，弹簧一样悬下来，几乎要碰到鼻尖。大年三十点起来，可以一直烧到正月十五元宵节。豆腐店里也是忙得团团转。一户接着一户，磨了豆浆，用大桶提着，来做豆腐。各家借店主的工具自己做，店主只是一旁指指点点。最忙的是村里写得一手好字的教书先生，孩子们不断地送来红纸，请他写春联。

每家都在忙。有人把裁缝请来了家里，给每个人做一身的新衣。有人喊了屠夫，在院子里摆开场子，杀猪宰羊。村前的池塘里也是热闹沸腾。人们砸了冰块，一个一个跳到水里捉鱼。村子的上空，整天都飘着炊烟，每户人家都在大锅上架起了蒸笼蒸馒头。一笼馒头蒸好了，就倒在院子里的长竹匾里晾着。无论谁走过来，主人都拿一只塞到他的手里，让他尝尝，问他碱大碱小，面紧面松。

妈妈们白天忙，晚上还要纳鞋底。每年过年，孩子和老人都得穿一双她亲手缝制的新鞋。爸爸们每天出去采办年货。奶奶不断地挂出腌鱼、腌肉、鸡鸭、香肠。爷爷们天天聚在一起商量，请哪里的戏班子唱哪几出戏。放了寒假的孩子们，劲头最足，哪里有热闹往哪里跑。嘴里快活地嚷着：要过年了，要过年了。

大寒在农历十二月，又叫腊月、丑月。“子丑寅卯”，十二个地支，每个对应着一个月。“子鼠丑牛”，每个地支又对应一个生肖动物。于是人们把大寒的形象，想象成一头牛。《太平御览》上说：十二月要用泥土做成六头土牛，送到都城或者郡县的城外，表示把大寒送走了。《礼记》上也说：“出土牛，送寒气。”据说这个习俗还是周公制定的。后来，送土牛的时间被人们慢慢向后推迟，张岱在《夜航船》中说：“今于立春日前迎春，设太岁土牛像，以送寒气。”送了土牛，就“立春”了。

光阴荏苒，又是一个新的循环。四时运转，就是这般首尾相接，无穷无尽。■

参　　考

《诗经》上海古籍出版社

《尚书》上海古籍出版社

《礼记》上海古籍出版社

《周易》上海古籍出版社

《尔雅》上海古籍出版社

《山海经》华夏出版社

《周书》上海古籍出版社

《黄帝内经》新世界出版社

左丘明《左传》上海古籍出版社

司马迁《史记》岳麓书社

班固《汉书》浙江古籍出版社

范晔《后汉书》浙江古籍出版社

陈寿《三国志》浙江古籍出版社

脱脱《宋史》中华书局

孔子《论语》上海古籍出版社

孟子《孟子》上海古籍出版社

《庄子译注》吉林文史出版社

朱熹《大学》广陵书社

朱熹《楚辞集注》广陵书社

李昉 等《太平御览》上海古籍出版社

宋应星《天工开物》广陵书社

吕不韦《吕氏春秋》上海古籍出版社

刘安《淮南子》上海古籍出版社

宗懔《荆楚岁时记》上海古籍出版社

葛洪《抱朴子》上海古籍出版社

刘义庆《世说新语》上海古籍出版社

萧统 选《文选》中华书局

张培瑜等《中国古代历法》中国科学技术出版社

钱钟书《管锥编》三联书店

鲁迅《鲁迅全集》人民文学出版社

许结《张衡评传》南京大学出版社

郦道元《水经注》时代文艺出版社

孟元老《东京梦华录》上海古籍出版社

嵇含《南方草木状》上海古籍出版社

莫休符《桂林风土记》上海古籍出版社

刘恂《岭南录异》上海古籍出版社

殷登国《中国的花神与节气》百花文艺出版社

韩盈《节令风俗故事》上海古籍出版社

黎亮　张琳琳《节令》重庆出版社

张岱《夜航船》四川文艺出版社

蒲积中《岁时杂咏》上海古籍出版社

郭璞 注《穆天子传》上海古籍出版社

顾禄《清嘉录》江苏古籍出版社

李时珍《本草纲目》人民卫生出版社

书目

周密《齐东野语》中华书局
南怀瑾《易经杂说》复旦大学出版社
王孺童 注《佛传》中国人民大学出版社
释普济 辑《五灯会元》重庆出版社
刘侗《帝京景物略》北京古籍出版社
周密《武林旧事》浙江人民出版社
贾思勰《齐民要术校释》农业出版社
许慎《说文解字注》上海古籍出版社
郭茂倩《乐府诗集》上海古籍出版社
净空《六祖坛经讲记》南京古鸡鸣寺
陈淏子《花镜》农业出版社
陶渊明《陶渊明集》中华书局
吴自牧《梦粱录》浙江人民出版社
刘基《郁离子》上海社会科学院出版社
沈括《梦溪笔谈》中华书局
李渔《闲情偶记》作家出版社
陆羽 等《茶典》山东画报出版社
洪昇《长生殿》齐鲁画报
汪曾祺《人间草木》江苏文艺出版社
富察敦崇《燕京岁时记》北京古籍出版社
徐珂《清稗类钞》中华书局
曹雪芹《红楼梦》人民文学出版社

顾观光《神龙本草经》学苑出版社
潘宗鼎《金陵岁时记》南京出版社
夏仁虎《岁华忆语》南京出版社
许结《老子讲读》华东师范大学出版社
颜之推 《颜氏家训》中华书局
左丘明《国语》上海古籍出版社
谢肇《五杂俎》中央书店
胡朴安《中华全国风俗志》上海科学技术出版社
徐树丕《识小录》商务印书馆
纳兰常安《宦游笔记》广文书局
秦嘉谟《月令粹编》秦氏琳琅仙馆刊本
俞樾《右台仙馆笔记》齐鲁书社
郎瑛《七修续稿》世界书局
厉惕斋《真州竹枝词引》
马缟《中华古今注》辽宁教育出版社
李筌《太白阴经》岳麓书社
元好问《元好问全集》山西古籍出版社
许仲琳《封神演义》岳麓书社
《全唐诗》中华书局
《全宋词》中华书局
张春华《沪城岁时衢歌》上海古籍出版社

寻访农民画家

朱赢椿与农民画家张国良交流

农民画家丁广华（左）、王金凤

朱赢椿（左）、申赋渔在选画

农　　民　　画

《光阴》这本书我写了两年。成稿之后，依然请赢椿兄设计。二十四节气，其实就是一卷长长的古代诗意生活的风俗画图，所以，最好配以插画，让读者能有更直观的印象。赢椿兄建议用“农民画”。

于是我们驱车去了南京六合区的四合乡。四合的“农民画”是有名的。经过再三寻访，得知如今仍然从事“农民画”的，不过三五人。而“农民画”早已成了濒临消失的一个画种。

原本在农村，每逢过年，家家户户张贴门神、年画、佛像，都是由村中能写善画之人手绘。这批人闲暇无事，也会画一些画自娱或是送人。这样的画，构图大胆，色彩鲜艳，透视独特，有着扑面而来的泥土的味道。内容大多是田间风景、村中人物、时节风俗，厚实朴素，亲切自然。然而随着印刷品的大行其道，乡间人，过年过节，花很少的钱，就能买满墙的年画。于是这些民间画家，慢慢失业了、改行了。能够坚持的，只有极少地方的极少的人。

我们到四合，最先去寻访的是一位老画家。这位老画家是个剃头匠，挑着剃头挑子，走村串户。他爱好画画，并在当地颇有名声。好不容易找到知情人，一问，不想老人早在数年前，已贫病而死。

再去四合，是个大雷雨的天气。这回去的是张国良家。除了我和朱赢椿，还有负责保护开发“四合农民画”的冶山镇文化站站长胡斌。张家十分的偏僻。在雨中的山野里穿行了很久，几乎没有路了，忽然看到一个人撑着一把伞，站在路的尽头——电话中约好的张国良早早地在这里等了。

张国良是个石匠。年轻时，村外一座庙里有位老和尚画得一手的好画。张国良无事之时，跟着他学画。这意外的机缘，使得他做石匠的同时，还成了一个“农民画家”。张国良除了当石匠，还做过木工、瓦工，他新盖的房子，连同室内的装潢，大半的工程是由他自己完成的，是个能工巧匠。所以，他的画，想象奇特，构思精巧，风格粗犷有力。握在他手中的，不像是画笔，倒像是斧凿。

丁广华与王金凤在冶山镇文化站里画画。一条小铁路贯穿四合乡时，经过一座由火山岩石柱林堆成的桂子山崖，文化站就在山崖之下。这是冶山镇对“四合乡农民画”的一个保护措施。给她们以一定的补贴，让她们坚持作画，不要让“农民画”就此失传。

本在水泥厂打工的王金凤的画有一种不一样的厚重感。她的画是用一点点的色彩堆起来的。她画一幅画要几天，坐着一动不动，常常要画到深夜，腿都肿了。一笔一画，一丝不苟。细细地看，一幅画层层叠叠，不知道画了多少笔，然而又是层次分明，清晰明亮，透出一种深长而淳朴的味道。

丁广华是采石场的装卸工，看起来柔弱的一个女子，一天能装几十车的石子。她的画，与她的生活有着十分的反差。她的画诗意而洒脱，像是远离了生活，完全是田园牧歌。也许那是她心里的世界，那个世界干净明亮，歌声悠扬。

我们去了四合乡四趟。每次去都碰到大暴雨。衣服也湿透了四次。然而内心一次次充满欢喜。因为每次，都看到他们根据我的文章所进行的二十四节气插画，在一点点向前推进，而这插画，跟我们一直以来内心的想象，是这样的贴近与契合。就像一个梦想，眼见得成真了，那是多大的快乐！

《光阴》这本书，配以“农民画”的插画，我想，这也许是最恰当的选择了。二十四节气的传说与风俗，已经离我们越来越远，“农民画”也濒临消失，然而它们身上所体现的农耕社会的诗意与美，它们当中所包含的我们民族文化的记忆，是不应当消失的。它们必将能滋润我们被钢筋水泥包围着的，日渐苍白而干涸的心。

申赋渔

（本书为南京市文联签约作品）

再　　版

这本《光阴》，因为叶芳老师的促成，2010年在中央编译出版社出版。之后，在台湾出版了繁体字版，之后又出了英文版。南京青奥会期间，又改写了一个青少年版的《光阴的故事》。现在出版的这本《光阴》，已经是第5个版本。不过，跟前面相比，这次又增加了新的元素。篆刻大家孙少斌先生精心制作了24枚印章，每个节气一方。印章纵横捭阖、气象万千，立即使得新版《光阴》文气并大气。

自然，这次还是请我的老朋友朱赢椿兄设计。赢椿兄已经帮我设计了5本书。《不哭》《逝者如渡渡》《一个一个人》都获得了“中国最美的书”。为了设计另一本《匠人》，赢椿奔波数百公里到我的老家拍照，并寻找灵感。历时半年，终于完成设计。这本《光阴》，第一版的精细讲究也是令人咋舌。而这次从头再来，竟又做出了一个新的更文气的艺术品。

第一版《光阴》出版时，江苏凤凰美术出版社的王林军兄就表示愿意出版，只是因为答应了叶芳老师，无法改口，只好愧对林军的盛情。记得当时在赢椿兄的“书衣坊”，面对林军，我竟然大汗淋漓。事隔多年，版权终于到期，林军兄对我依然不离不弃，以当时一样的激情来对待我这本已在世间行走多年的小书。多谢林军兄！

那么，我是怎么理解这本书的呢？

这是一本关于中国人的二十四节气的书。又是一本关于美好的记忆、诗意的生活和理想未来的书。

在每一个节气，都有着生动的故事，每一个故事，都包含着中国人所独有的宇宙观。

后　　记

在这些浪漫而古老的传说之中，隐藏的是人与自然的息息相通、中国式的生活艺术、中国哲学的独特意蕴。

每一个节气，都是人们试图与天地沟通的一个庄严的仪式。春、夏、秋、冬四季神灵的身影可以上溯到《山海经》或者最古老的史书《尚书》。

每一个节气，都是人们诗意生活的生动画卷。从《诗经》《楚辞》到《唐诗》《宋词》，处处可以看到节气的身影。

她将带领我们在无法回溯的光阴中，梦回永远逝去的田园牧歌，并让我们的内心变得宁静。

在《光阴》里，我们将看到中国人与自然是怎样地和谐相处。我们将从简单平常的生活中，体会到中国人“天人合一”的哲学思想。我想：这一些，对于环境恶化的今天，应该有所启发。

《光阴》这本书，还揭示了中国古代文明与今天所倡导的绿色和平思想之间的某种天然联系。

因此，她不只是一本关于文化与哲学的书，她还是一本有关生态的书。而生态，是我们人与人、人与天地，恰到好处的一种相处哲学。

申赋渔

2015 年 4 月 20 日

请在每个节气采一片你喜欢的花草树叶粘贴于此

立春

花草名称：
采摘时间：
采摘地点：

雨水

花草名称：
采摘时间：
采摘地点：

惊蛰

花草名称：
采摘时间：
采摘地点：

春分

花草名称：
采摘时间：
采摘地点：

清明

花草名称：
采摘时间：
采摘地点：

谷雨

花草名称：
采摘时间：
采摘地点：

请在每个节气采一片你喜欢的花草树叶粘贴于此

立夏

花草名称：
采摘时间：
采摘地点：

小满

花草名称：
采摘时间：
采摘地点：

芒种

花草名称：
采摘时间：
采摘地点：

夏至

花草名称：
采摘时间：
采摘地点：

小暑

花草名称：
采摘时间：
采摘地点：

大暑

花草名称：
采摘时间：
采摘地点：

请在每个节气采一片你喜欢的花草树叶粘贴于此

立秋

花草名称：
采摘时间：
采摘地点：

处暑

花草名称：
采摘时间：
采摘地点：

白露

花草名称：
采摘时间：
采摘地点：

秋分

花草名称：
采摘时间：
采摘地点：

寒露

花草名称：
采摘时间：
采摘地点：

霜降

花草名称：
采摘时间：
采摘地点：

请在每个节气采一片你喜欢的花草树叶粘贴于此

立冬

花草名称：
采摘时间：
采摘地点：

小雪

花草名称：
采摘时间：
采摘地点：

大雪

花草名称：
采摘时间：
采摘地点：

冬至

花草名称：
采摘时间：
采摘地点：

小寒

花草名称：
采摘时间：
采摘地点：

大寒

花草名称：
采摘时间：
采摘地点：

作者简介

申赋渔，作家、记者。著有《不哭》《逝者如渡渡》《光阴》《一个一个人》《匠人》《阿尔萨斯的一年》等。先后在《天津日报》《杭州日报》《福州日报》《扬子晚报》《石家庄日报》等十多家媒体开设专栏。导演有《龙的重生》（中法合拍）、《不哭》、《寻梦总统府》等纪录片。曾任南京日报驻法国记者。现为南京日报『申赋渔工作室』主持人。

图书在版编目（CIP）数据

光阴：中国人的节气／申赋渔著. —南京：江苏凤凰美术出版社，2015.6（2017.3重印）
ISBN 978-7-5344-9099-6

Ⅰ.①光… Ⅱ.①申… Ⅲ.①二十四节气—基本知识
Ⅳ.①S162

中国版本图书馆CIP数据核字(2015)第109917号

责任编辑　王林军
篆　　刻　孙少斌
装帧设计　朱赢椿　霍艺冉　皇甫珊珊
绘　　画　张国良　王金凤　丁广华
责任校对　吕猛进
责任监印　朱晓燕

书　　名　光阴：中国人的节气
著　　者　申赋渔
出版发行　凤凰出版传媒股份有限公司
　　　　　江苏凤凰美术出版社（南京市中央路165号　邮编：210009）
出版社网址　http://www.jsmscbs.com.cn
经　　销　凤凰出版传媒股份有限公司
印　　刷　南京精艺印刷有限公司
开　　本　787mm × 1092mm　1/20
印　　张　8.5
版　　次　2015年6月第1版　2017年3月第5次印刷
标准书号　ISBN 978-7-5344-9099-6
定　　价　58.00元

营销部电话　025-68155790　68155683　营销部地址　南京市中央路165号
江苏凤凰美术出版社图书凡印装错误可向承印厂调换

FOOTEPS OF THE SUN

EXECUTIVE EDITOR WANG LINJUN

BOOK COVER DESIGN ZHU YINGCHUN

HUO YIRAN HUANGFU SHANSHAN